图书在版编目（CIP）数据

食帖.8，自给自足指南书 / 林江主编. —北京：
中信出版社，2016.4（2016.11重印）
ISBN 978-7-5086-5942-8

Ⅰ.①食… Ⅱ.①林… Ⅲ.①饮食-文化-世界
Ⅳ.①TS971

中国版本图书馆CIP数据核字(2016)第 038588 号

食帖.8，自给自足指南书

主　　编：林　江
策划推广：中信出版社（China CITIC Press）
出版发行：中信出版集团股份有限公司
　　　　　（北京市朝阳区惠新东街甲4号富盛大厦2座　邮编　100029）
　　　　　（CITIC Publishing Group）
承 印 者：鸿博昊天科技有限公司

开　　本：787mm×1092mm 1/16　　　拉　页：6
印　　张：10　　　　　　　　　　　　字　数：187千字
版　　次：2016年4月第1版　　　　　　印　次：2016年11月第3次印刷
广告经营许可证：京朝工商广字第8087号
书　　号：ISBN 978-7-5086-5942-8/G · 1324
定　　价：42.00元

版权所有·侵权必究
凡购本社图书，如有缺页、倒页、脱页，由发行公司负责退换。
服务热线：010 - 84849555　　服务传真：010 - 84849000
投稿邮箱：author@citicpub.com

六个适合自给自足的地区 拉页　编辑的话 7　一个假设 10　野外生存基础指南 海报

13 interview

Samuel Shelly｜在世界尽头当渔夫 14　大谷哲也｜信乐町的山中制陶所 28
唐冠华 邢振｜家园计划，城市之外的另一种选择 40　Rohan Anderson｜巴拉瑞特狩猎者 48
五十岚大介｜这里是衣川，这里是小森 60　四道"小森式"料理 68
塚原正太｜从律师事务所，到祖父的农园 80　盐见直纪｜半农半X的永续型生活 86
谌淑婷｜有田有木的台湾新农 90　任长箴｜京郊的大棚小院 96
苏恩禾｜回到故乡，做自己力所能及的事 104　陈统奎｜再造故乡，另一种自给自足 114

guide 123

GrowUp Box｜鱼菜共生，集装箱里的城市农场 124
Sky Greens Vertical Farming System｜将食物种到天上去 130
山中生活的基础 5 步骤 136　野外可采集的六种常见多用途植物 138
阳台种菜，在家可以实现的自给自足 140

145 regulars

吉井忍的食桌 [08] **外公的落叶红薯** 146　鲜能知味 [07] **给两个人做饭** 150　屋外有蓝天，屋内有菜园 153

出版人：**苏静**　总编辑：**林江**　艺术指导：**broussaille 私制**　内容监制：**杨慧**　内容编辑：**张奕超、李晓彤、陈晗、Satsuki**
海外编辑：**Kira Chen、王茹雪**　特约插画师：**Ricky、LvQi、徐婧儒**　品牌运营：**杨慧**　策划编辑：**王菲菲、段明月**
责任编辑：**段明月**　营销编辑：**那珊珊**　平面设计：**张一一**

Publisher ○ Johnny Su　Chief Editor ○ Lin Jiang　Art Director ○ broussaille_Design　Content Producer ○ Yang Hui
Editor ○ Zhang Yichao, Li Xiaotong, Chen Han, Satsuki　Foreign Editor ○ Kira Chen，Wang Ruxue
Special Illustrator ○ Ricky, LvQi, Xu Jingru　Operations Director ○ Yang Hui
Acquisitions Editor ○ Wang Feifei, Duan Mingyue　Responsible Editor ○ Duan Mingyue
PR Manager ○ Na Shanshan　Graphic Design ○ Zhang Yiyi

Ricky | illustration

编辑的话

这不是一本单纯讲述归隐山林的书。

现代社会,城市功能被发挥到极限,不分昼夜地超负荷运转。在生活压力和环境问题的刺激下,有些人选择离开,回到山川田野,自食其力。"自给自足"伴随这股逆城市化潮流,被提炼成一个看上去很美的生活方式概念,提及这个词,大部分人脑海中会首先浮现"悠然见南山"的惬意自在。

狭义范围的"自给自足"一词,是指在衣、食、住、行等方面,不借助外部资源,通过耕种、建造、制作等方式,保障个人、家庭或某一群体的基本生产生活。广义范围的"自给自足",则不拘泥于行为方式和空间限制,混合了精神层面的意义,讲求精神上的独立和自我供给,有些"不以物喜"的意味。

根据当下的实际情况,彻底离开城市离群而居,与其说是一种生活方式,更像是一种先锋的行为实验。100%的自给自足恐怕难以实现。基于现实,又想超脱于现实,最简单的方法,便是通过观念转变引发小小的行为转变,即使空间不能改变,工作仍在继续,在阳台种几盆蔬菜和香草,假日去郊外进行农事活动,也是另一种意义上的"自给自足"。

美国记者 Jennifer Cockrall-King(珍妮弗·科克拉尔-金)在其著作 Food and the City 一书中深度阐述城市农业和新食物革命的观点,主张充分利用城市立体空间,发展小规模农业系统,使城市食物体系脱离完全依靠外来供应的现状,逐渐转型成一部分食物"自给自足"的新型食物供应方式。这样做的直接益处,除了为城市居民提供新鲜度更高的食材,对于就业压力、运输成本、能源消耗、尾气污染、城市拥堵等问题,也起到一定程度的正面作用。

"自给自足"不只发生在山川田野,在城市中,在自己的家中,就可以实现。

受访人

※——五十岚大介
日本著名漫画家。1969年生于日本埼玉县，毕业于多摩美术大学。曾长居岩手县盛冈市，后搬至衣川村生活三年，并以真实经历为素材，创作漫画《小森林》（共2卷）。该漫画被改编为系列电影，于2014年和2015年上映。

※——大谷哲也
日本陶艺家。1971年出生于神户市，毕业于京都工艺纤维大学设计专业，2008年建立大谷制陶所（Otani Pottery Studio）。

※——盐见直纪
日本作家，1965年出生于京都府绫部市。"半农半X"生活方式概念提出者。

※——Samuel Shelly（塞缪尔·谢利）
摄影师、平面设计师，出生于澳大利亚塔斯马尼亚州（Tasmania）。

※——Rohan Anderson（罗汉·安德森）
澳大利亚摄影师、美食作家，现居维多利亚州巴拉瑞特（Ballarat, Victoria），拥有一个小农场。其长期为《卫报》澳洲版的食物专栏撰稿，已出版书籍 Whole Larder Love、A Year of Practiculture。

※——唐冠华
青年艺术家，家园计划 AnotherLand 发起人。

※——邢振
前证券分析师，现为家园计划家园民艺中心负责人。

※——任长箴
纪录片导演、电视编导。毕业于北京广播学院电视编导专业。代表作品《舌尖上的中国》《原味》等。

※——苏恩禾
在北京从事广告文案十年，2013年年初辞职，开设了一间周末对外预约开放的小厨房"查查厨房"，2015年结束厨房实体店，回到故乡安徽。

※——塚原正太
日本律师，目前已辞去律师事务所工作，在岐阜县打理祖辈的农园。

※——黄顺和
新加坡华人，天鲜垂直农产系统（Sky Greens Vertical Farming System）发明者。

※——陈统奎
毕业于南京大学新闻系，曾任时政记者，全国返乡论坛发起人。

※——谌淑婷
台湾作家、报社文字记者。专注于儿童、家庭、农业环境方面的报道。曾出版书籍《有田有木，自给自足》。

撰稿人

※——吉井忍
日籍华语作家，曾在中国成都留学，法国南部务农，辗转台北、马尼拉、上海等地任经济新闻编辑。现旅居北京，专职写作。著有《四季便当》《本格料理物语》等日本文化相关作品。

※——张佳玮
自由撰稿人。生于无锡，长居上海，曾游学法国。出版多部小说集、随笔集、艺术家传记等。

※——野孩子
高分子材料学专业的美食爱好者，"甜牙齿"品牌创始人。

※——田园
大学英语教师，料理爱好者，致力于拥有美好的一切。

Rohan Anderson

一个假设

△ 张奕超 李晓彤 | interview
△ Satsuki | edit

叶怡兰
台湾作家

巫昂
作家，诗人，编剧

Alvin
"晓菜_聪明你的厨房"创始人

※ --- 谈谈对"**自给自足**"这个词的理解。

叶怡兰： 自己日常所需之食物，绝大多数由自己耕作、种植、制作而来。回归自然，连接土地，专注生活，是人之所以为人的原点，也是此刻的我越来越恋慕向往，却自知已然被城市驯化太过、再无能为力达成的梦想。

巫昂： 所有生活用度都由自己生产制作，不依靠外在世界或市场的供给。

Alvin： 在我看来，个人工作忙碌的情况下，完全归农，进行大面积种植的想法可能不太现实。
我自己会在家种植一些罗勒、薄荷等常用香草，方便烹饪时随手取用，这对我来说就是一种自给自足的基本方式。

※ --- 如果因为某个契机，需要过持续一年的"**自给自足**"生活，会选择去哪里？

叶怡兰： 台湾东部或南部。选择台湾，因是最熟悉也最能安身立命之所。南部，则是自小生长的家乡，地域、季候和氛围都最习惯最亲近。东部，则是向往已久的、台湾至今最清静也保留最多自然风土之地。

巫昂： 泰国。物产丰富，人民勤劳、有信仰，而且当地手工业发达，可以学到不少生存技能。

Alvin： 国内的话，我会选择海南。我从小生活在那里，当地的土产、海产资源丰富，是进行自给自足生活的理想地点；国外的话，会选择意大利。当地有优质的食材品种，人们也很倾向于"自给自足式"的种植、养殖方式。他们或许没有大农场，只拥有一个房前小花园，但是会很用心地经营打理，作为自家使用的食材。

※ --- 在这一年当中，准备如何规划自己的生活？

叶怡兰： 耕耘、收获。酿造、发酵、风干、腌渍、烟熏各种食物或饮物。读书、写作、吃饭、喝茶、饮酒。

巫昂： 自己盖房子，花费时间太多，我大抵会在当地选择一个建好的房子。在这一年里，我希望在衣、食、住、行方面能逐渐实现自给自足。我会做些基本的饭菜，不过还想学习酿酒、做果酱这些之前未尝试过的。此外还想学做衣服、鞋子、帽子、包袋，最好还能做把雨伞，或者把一辆自行车改造成电动车。

Alvin： 我喜欢分享自己的料理方法和心情。因此，我会在这一年中，尽量多地学习当地特色料理，研究整理后，分享给更多朋友。

郭小懒
媒体人，专栏作家

杜克
南食召、芥填主理人

李思恩
MUMO 木墨主理人

郭小懒： 做自己喜欢的事情，恰巧它还能满足物质需求，这是我所理解的自给自足。做人总是要有一个拿得出手，登得上台面的手艺。媒体人的手艺就是写作，做优质生活方式的先行者和实践者。自给自足，就是用自己的手艺，创造价值，让自己活得开心，同时别人也能一起分享你的快乐。

杜克： 原教旨的"自给自足"在现代几乎是不可能的，这意味着生活所需的一切物品都要靠自己动手生产，粮食自己种、衣服自己织、房子自己造……其实不大现实，除非过着原始人般的生活。在我看来，自给自足的真正意义在于"足"字，在于一种知足的状态，凡是能安安分分自己赚钱养活自己且知足的人，就是"自给自足"。

李思恩： 对我而言，"自给自足"并非一个完全褒义的概念。它象征着遁世隐居，追求"内循环"和"自我"体验。但是生而为人，很难脱离社群独善其身，自给自足的精神深层，隐含着对社会的不信任感。相比之下，我更倾向于"自立"这个概念，在各种社会联系中保持人格上的独立，完成精神意义上的"自给自足"。

郭小懒： 斯京（斯德哥尔摩）和北京。我心目中理想的自给自足生活，是创造适合自己的生活空间、方式和习惯。北京是我的家，我在这里生活了三十年，有熟悉的家人和朋友。而斯京是我的向往，我曾在那里短期生活过，自然环境、人文艺术、人们的生活态度，是我很喜欢的。

杜克： 肯定是老家农村。我是相信"水土"的，在这方面，人跟植物并无两样，他／它原生的地方肯定是最适合他／它"自给自足"生长，不靠外力的。
古诗说："俊得江山助。"江山就是水土，而最"服"的水土肯定是故乡。

李思恩： 如果真的把我扔在某个地方过一年，我会选择自然条件好，资源丰富的地方，这样不至于饿死。我会尝试自己种点蔬菜，养几棵无花果。

郭小懒： 如果这一年是在北京，作为一个"以写作这门手艺自给自足的人"，可能很难有条件亲自体验种植的乐趣。如果是在斯京，我希望除了日常写作，能找片土地种些蔬果，多吃自己种的食物，少食肉类。此外，我想学习制作棉麻类的日常用品。

杜克： 回老家，接过爷爷的两亩地来种，得空的时候看看书，日出把锄，日落开卷，老婆孩子热炕头，这就是我最梦想的生活。《辍耕录·隐逸》写吕徽之："博学能诗文，问无不知者，而安贫乐道，常逃其名，耕渔以自给。"就是我所喜欢的。

李思恩： 我是一个没有太多规划的人，人生有很多可能，规划本身是一种控制，没有人能完全掌控自己的生活。但我的生活态度是积极的，我会用双手做工养活自己和家人，制作物品和人分享，表达与交流想法，完成这个身份下应尽的责任。

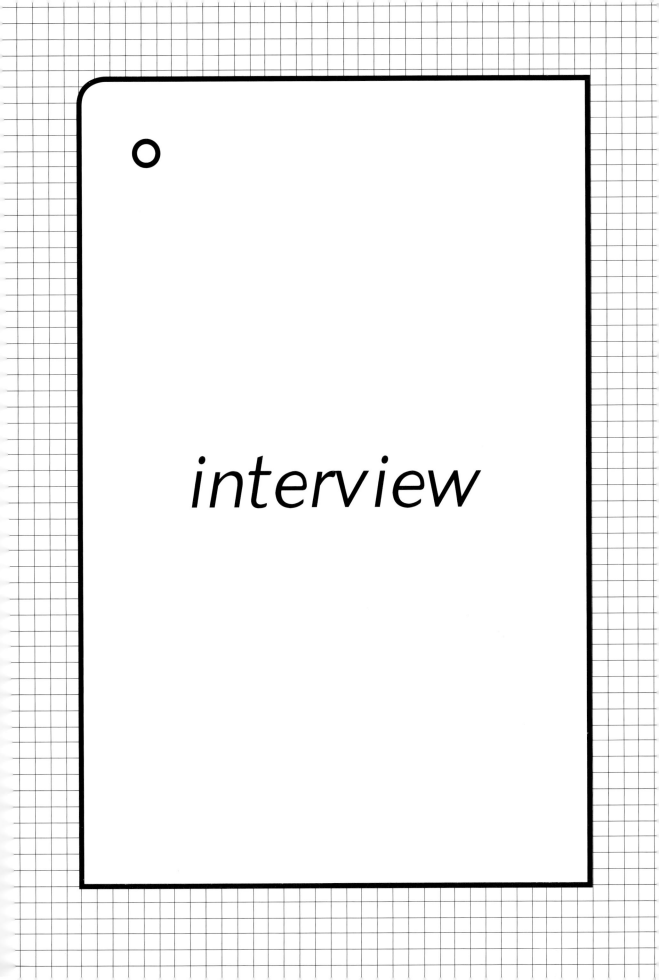

Samuel Shelly

在世界尽头当渔夫

△ 张奕超 | interview & text　　△ Satsuki | edit
△ Samuel Shelly | photo courtesy

澳大利亚大陆东南角的维多利亚州往南，穿过巴斯海峡（Bass Strait），便可到达澳大利亚联邦唯一的岛州，塔斯马尼亚州。跨过塔斯马尼亚州再向南，便是无尽汪洋，直至南极大陆。因此，塔斯马尼亚州常被称为"世界尽头"。

该州由主岛塔斯马尼亚岛和若干小岛组成。地貌原始、四面环海、湖泊众多，这些自然属性，令这里拥有丰富且优质的渔业资源。

"我从家门出来走 50 米，就能捞到鱿鱼和鲍鱼。"
"你家住在郊外？"
"不，我家离市中心开车只需 5 分钟。"

这是 Samuel Shelly 和新朋友们交谈时常出现的桥段。他出生在塔斯马尼亚州首府霍巴特（Hobart），现在依旧生活在那里。

塔斯马尼亚州首府霍巴特港口。

Samuel Shelly:

- 澳大利亚，塔斯马尼亚州（Tasmania）
- 摄影师、平面设计师。

塔斯马尼亚岛的大与小

巴斯海峡隔开了澳洲大陆和塔斯马尼亚岛，令岛上保持了长期的"隔世"状态。词语"塔斯马尼亚岛效应"，便是指约一万年前，海平面上升，塔斯马尼亚岛与大陆分离，导致当地土著人与外界无法沟通，文化退步的现象。然而巴斯海峡对原始风貌和自然资源保护而言，也并非一件坏事。岛上遍布果园和农场，近海便可觅得海豚和鲸鱼踪迹，近20万公顷的原始森林被列入世界遗产保护名录。"这里的水果和蔬菜品质是全球顶级的，特别是樱桃和各种浆果。"

塔斯马尼亚州首府霍巴特，面积只有约100平方公里。Samuel 说："这里很小，小到我们从城里开车10分钟就能抵达郊外，也很大，大到拥有很多超棒的餐厅和各种热闹庆典，比如 Dark Mofo（该州每年6月举办的冬季庆典，涵盖艺术、美食、音乐等多方面内容，与之对应的有夏季庆典 Mona Foma）。"

厨艺不精，食材来凑

Samuel 从小生活在霍巴特，是一位摄影师、平面设计师兼"渔夫"。渔夫不靠打鱼为生，但每周至少钓鱼一次，夏天更为频繁。怀着同样对家乡美食与风景的热爱，Samuel 和多年好友 Catherine（凯瑟琳）一起创建博客"Island Menu"，分享两人的美食心得。"我们制作食谱的原则就是简单。我们不是受过专业训练的大厨，只想展示食材本身的美味，因此会尽量用简单的烹饪方式来呈现。"

1. Samuel 为当地食品公司 Woodbridge Smokehouse 拍摄的照片，图为工作人员 Roger（罗杰）正在检查用苹果木熏制的三文鱼。

2. 塔斯马尼亚州本地牧场。

3. Samuel 和 Catherine 为食物拍照。

4. Samuel 的朋友 Joe（乔）刚钓上一尾褐鳟（Brown Trout）。

二人创作食谱的灵感，大多来源于塔斯马尼亚的当地食材。他们说先把食材搞到手，食谱自然而然就成型了。生活在这里很幸运，厨艺不精，食材来凑，一年四季皆有宝。

<u>春季食材代表：扇贝、海鳟、羊肉；</u>
<u>夏季食材代表：鱿鱼、龙虾、樱桃、草莓、杏、红眼土豆（Pinkeye Potatoes）；</u>
<u>秋季食材代表：金枪鱼、黑莓、苹果、鹿肉；</u>
<u>冬季食材代表：比目鱼、雀鳝（Garfish）、羽衣甘蓝、柠檬。</u>

每逢周日，Samuel 会和妻子到 Farmgate 市场购买新鲜蔬果，到熟悉的肉铺购买当地牧场直供的肉类，而海鲜水产，大多由 Samuel 出海亲自捕获。Samuel 将塔斯马尼亚食材的优势归功于这里的"小"和"冷"。

小，意味着从农场到餐桌的时间和距离短，食材足够新鲜。冷，意味着寒冷的岛屿环境，适合野生海鱼生存。

捕鱼是生活方式

"捕鱼于我而言已经是一种生活方式。我和朋友们社交的形式就是一起捕鱼,也经常自己一个人去。通常我会在岛屿的东岸和南岸捕海鱼,偶尔也在内陆湖钓鳟鱼。"

Samuel 说"渔夫"身份带给他许多历练与有趣回忆。最难忘的一次是在离霍巴特三个半小时船程的 Mewstone 岛附近,那里属于南大洋,环境恶劣多变。"幸好当时天气不错,我看到了野生列牙鲷(Striped Trumpeter,一种当地珍贵食用鱼),可惜没有捕到,倒是收获了一船的金枪鱼。那儿的一切让人着迷,目之所及是高耸的断崖,海面可看到游弋的海豹和鲨鱼,充满野性。"

Samuel 通常用鱼竿钓鱼,有时也用鱼叉。并非人人都有机会像他一样,生活在水产资源丰富之地,但亲身尝试钓鱼,倒也不是不可能。Samuel 为初学钓鱼者给出了三条建议:

[1] 观察天气和潮汐:
不同的鱼会在不同的环境中咬饵。比如金枪鱼就很喜欢西南风天气。

[2] 有饵就有鱼:
鱼类总会在食物丰富的地方聚集。如果发现一片聚集很多小鱼的水域,或是岸边长了很多贝类,在那儿钓鱼准没错。

[3] 学会像鱼一样思考:
钓鱼需要动脑子,如果明知这种鱼在深水咬饵,那么拼了命把渔线抛得老远,其实没什么意义。此时应该做的是耐心等待鱼来咬饵。看到鱼饵下沉,迅速收线即可。

1. "这头海豹正从我们手上抢金枪鱼。"Samuel 说每次出海捕金枪鱼,总会有几头海豹在船底尾随,它们本身游速有限,常会借助人类的力量。

2. 褐鳟。

1 | 2

塔斯马尼亚岛的近海。

理想生活就在当下

妻女相伴,闲来钓鱼,Samuel 的日子悠游自在。虽然也曾游历英国、瑞典,暂居过大城市,但他始终喜欢面朝大海的生活。

"我不觉得有必要住在所谓的大城市。不用人挤人,轻易就可以捕到鱼的日子才是我想要的。我现在的工作也很有意思。布鲁尼岛奶酪(Bruny Island Cheese)和休恩三文鱼(Huon Salmon)等公司邀请我为他们拍摄食物,所以我家冰箱里永远有吃不完的奶酪和三文鱼。"

现在的生活是 Samuel 从童年至今一直未变的憧憬。工作和生活处于平衡,有足够时间陪伴家人。

"我 2 岁的女儿 Ingrid(英格丽德)很喜欢去我们在布鲁尼岛的小屋。在海滩上奔跑,或是坐船出海,是最令她兴奋的事情,跟她老爸一模一样。"

```
   1
 ─────
  2 | 3
```

1. 捕获蓝鳍金枪鱼(Blue Tuna)。

2. 鸟类也是常见的掠食者,这只信天翁正在抢食 Samuel 钓到的鳕鱼。

3. 在布鲁尼岛(Bruny Island)附近挖牡蛎。

开放式金枪鱼三明治

Tuna Bruschetta

⏱ 20 MIN　　🍴 FEEDS 2

食材
·

面包 2 片
番茄切片 10~12 片
刺山柑 20 克
洋葱 1/4 个
金枪鱼 150 克
罗勒 适量
大蒜 1 瓣

调料
·

橄榄油 适量
盐 适量
黑胡椒粉 适量
白醋 适量

做法
·

STEP [1]
将洋葱切碎,加适量白醋和盐腌制 1 小时。

STEP [2]
从冰箱中取出金枪鱼,静置 30 分钟至室温,在热锅中煎熟。取出静置 10~15 分钟,切成 5 毫米薄片。

STEP [3]
面包片稍煎,将蒜瓣在面包片上涂抹,增加蒜香味。

STEP [4]
刺山柑油炸至口感酥脆。

STEP [5]
将番茄片、金枪鱼、洋葱依次码于面包片上,撒刺山柑、盐、黑胡椒粉调味,用罗勒(提前浸泡于橄榄油中)装饰即可。

Smoked Salmon, Strawberry and Fennel Terrine

草莓小茴香烟熏三文鱼冻

Smoked Salmon, Strawberry and Fennel Terrine

🕐 20 MIN　　🍴 FEEDS 2

食材

烟熏三文鱼片 500 克
酸奶油 80 毫升
山羊凝乳 80 毫升
草莓 1.5 杯
小茴香 1 杯
柠檬（取皮）1/3 个
新鲜罗勒 适量

调料

黑胡椒粉 10 克
覆盆子醋 15 毫升
橄榄油 适量

做法

STEP [1]
在长方形容器（如吐司模）中铺一层保鲜膜，涂橄榄油。

STEP [2]
在模具底部和边缘铺一层三文鱼片。

STEP [3]
将山羊凝乳、酸奶油、柠檬皮拌匀，在三文鱼片上抹薄薄的一层。

STEP [4]
草莓切碎与覆盆子醋拌匀，铺一层到模具中，加少许小茴香和黑胡椒粉。

STEP [5]
再次铺入三文鱼片、酸奶油、草莓、小茴香、黑胡椒粉，如此重复，最后在顶部铺上三文鱼片，用保鲜膜密封。

STEP [6]
肉冻上压重物，冷藏 24 小时。取出切片，淋橄榄油和覆盆子醋，用罗勒装饰即可上菜，适合配黑麦面包食用。

大谷哲也

信乐町的山中制陶所

△ 李晓彤 | interview △ Satsuki | edit
△ 大谷哲也 | photo courtesy

日本滋贺县信乐町，是一个位于日本本岛中部的小镇，面积不大，人口不多，在日本陶艺界却久负盛名。这里有逾千年的制陶历史，属日本六大古窑之一。群山环绕，大谷哲也夫妇和三个女儿、两只猫、一只狗生活在这里。

1995年，大谷哲也从京都工艺纤维大学毕业，来到滋贺县"乐陶瓷研究所"（Shigaraki Ceramic Research Institute）当教师。12年后，他和家人搬到信乐町，建立了自己的工坊"大谷制陶所"，开始进行全职的独立创作。

"在设计餐具时，我会先想象它盛装食物时的样子。"大谷的陶器作品多以纯色、洗练的设计为主，给人第一印象有些"无机和冷感"，但倘若拿到手中观察触摸，又可感受到线条的柔软感和釉面的温润。大谷说自己的设计语言是"简单、美观、功能性"。一个陶碗，应该具备基本的耐热、易清洗、易收纳、易搭配的功能性。并且最好做到"不抢风头"，无论洋食还是和食，能在器物的衬托下变得更美味。

大谷哲也与妻子大谷桃子。

大谷哲也：

- 日本，神户市
- 日本陶艺家。1971年出生于神户市，毕业于京都工艺纤维大学设计专业，2008年建立大谷制陶所（Otani Pottery Studio）。

大谷和妻子"桃子"热爱料理，也喜欢自己种菜。他们在信乐町的住处旁，有独立的小院子，种着番茄、南瓜、胡萝卜等常用蔬菜，到了秋天，也会去附近的水塘里挖藕来吃。烹饪方法采取简单路线，最常做的是"时蔬杂煮"，将多种蔬菜切块，放入一种肉类（鸡肉居多），加少许酱油、盐、胡椒煮制即可。

1	2
1	3

1. 大谷哲也的白瓷作品。
2. 大谷制陶所。
3. 手工拉坯。

◇

食帖：你的作品以白瓷为主，鲜少见到夸张的造型和颜色。选择这种风格的主要原因是什么？在原料选择方面有哪些考虑？

大谷哲也 (以下简称"大谷")：我希望通过简洁的造型，表达出制陶人在制作器物过程中的情绪。制陶的基础原料是来自有田[1]的"瓷土"，拉坯方式为原始的手工拉坯法（轮制法）。为了增加器物的耐热性，会在坯料中加入产自津巴布韦的叶长石[2]。

◇

食帖：那些带有植物图案的粉引[3]器物，都是桃子绘制的？

大谷：是的，桃子喜欢绘制植物类的图案，尤其是莲花和芭蕉叶。她在美国俄勒冈留学时，第二外语选修了印度尼西亚语，之后作为交换生去爪哇岛交流学习，因而会特别偏爱热带植物。

◇

食帖：听说你的特殊爱好是用陶土锅烘焙咖啡豆。强火"炒豆"，白底的器皿容易变黑，不担心会破坏美感？

大谷：用陶土锅烘焙咖啡豆，是做菜时得到的灵感。技艺并不难，有耐心慢慢炒，多尝试几次，基本就能掌握好火力和时间。就算是不小心炒过火，不能直接冲煮饮用，也可以做"咖啡牛奶"。至于砂锅被染色，我倒觉得是件妙事。它被烧制出来，是孤独的个体，因为"被使用"才产生出价值，这些使用后的痕迹，对它来说是骄傲的凭证。

1　日本佐贺县有田町，著名的"有田烧"产地。

2　透锂长石（petalite）的别称，常用作陶瓷和特种玻璃原料，可降低坯体的热膨胀系数。

3　一种瓷器烧制工艺，又称"白化妆"或"粉吹"，因看上去像"风吹起的粉末"而得名。

大谷哲也的白瓷作品。

食帖：为何钟情于基础款的食器？
大谷：主要因为我家里的饮食特点。我和桃子喜欢琢磨不同风格的料理，日式、法式、意式、中华料理、越南菜、泰国菜……太有个性的食器难以搭配，而基础款食器可以应对任何菜式与场合。

食帖：听说你们的小院今年又丰收了。
大谷：今年我和桃子种了很多种蔬果，番茄、马铃薯、红薯、黄瓜、芦笋、大蒜和各种豆类。院子里的无花果树也长得不错，秋天果子熟了，可以摘来熬果酱和烤制甜品。

食帖：自己种蔬菜会觉得麻烦吗？
大谷：总体而言是有趣的，到了收获季，孩子们非常开心。但自家种的东西不用农药，捉虫子的时候很辛苦，有时也要防止山里的鹿和其他动物来偷吃。

食帖：女儿们长大后，会让她们继续留在信乐学习制陶吗？
大谷：孩子们小时候，喜欢围在大人身边"凑热闹"，长大之后就不愿意了（笑）。我尊重她们的兴趣和选择。

1	3
	3
2	4

1. 大谷习惯用陶土锅烘焙咖啡豆。
2. 大谷的三个女儿。
3. 桃子绘制的粉引作品。
4. 和家人一起打年糕。

食帖：从城市搬到山里，对现在的生活是否满意？
大谷：这里空气很好，可以从事喜欢的工作，可以陪伴家人，没有比这更幸福的事情了。

1 | 3
2

1. 在山上种植的夏橘，收获后熬成果酱，作为早餐的吐司搭档。

2. 大谷烧制的白瓷茶具、桃子绘制的粉引小碟、全家一起制作的羊羹。

3. 在院子周围采集的可食用蘑菇。

STEP [1]　　　　　　　STEP [2]

STEP [3]　　　　　　　STEP [4]

Fig Tart

—

无花果挞

Fig Tart

⏱ 120 ~ 150 MIN　　🍴 FEEDS 2

食材

挞皮部分：
低筋面粉 120 克
固态黄油 70 克（切成直径 1 ~ 2 厘米的立方体）
冷水 50 毫升

内馅部分：
新鲜无花果 15 个
无盐黄油 75 克
扁桃仁粉 75 克
白砂糖 75 克
鸡蛋 1 个
红糖 少许

做法

STEP [1]：制作挞皮
a. 取一个中型碗，放入切块后的黄油，筛入低筋面粉，用手将两者揉搓混合至粗颗粒状。
b. 加入冷水，将面团揉至光滑，覆保鲜膜冷藏至少 1 小时。
c. 案板上撒少许低筋粉，将面团擀成圆形（比挞盘稍大）。
d. 将面皮铺在挞盘上，用手整理使其紧贴挞盘。
e. 切掉多余面皮，整理外形，用叉子在挞皮底部均匀戳孔。

STEP [2]：制作内馅
a. 取一个大碗，将无盐黄油和白砂糖混合，用电动打蛋器混合打发至蓬松状。
b. 将鸡蛋打散成蛋液。
c. 将蛋液分多次倒入大碗，继续打发至混合物呈顺滑状。
d. 加入扁桃仁粉，用木勺轻柔拌匀。

STEP [3]
将无花果纵向切块（小果实切成 4 等份，大果实切成 8 等份）。

STEP [4]
将内馅倒入挞皮，表层码放无花果，最后撒适量红糖。180℃烤制 60 ~ 90 分钟即可。

适用于直径 24 厘米的陶土盘（或普通挞盘）

唐冠华 邢振

家园计划，城市之外的另一种选择

△ 张奕超 | interview & text   △ 唐冠华 | photo courtesy

冠华上崂山那天是 2011 年 5 月 1 日，国际劳动节。山脚一处塌了屋顶的平房，半山腰一片 28 平方米的荒地，以及顺应时节疯长的杂草野花，欢天喜地迎接他。在此之前他是设计师、艺术创作者，女友邢振是证券分析师，两人收入优渥，衣食无忧。跑去一座山上做什么？第一个月时间花在补房顶、除杂草上。接着又是一个好节日，6 月 1 日儿童节，冠华开始在半山腰空地上，从无到有，搭建出两层小楼"自给自足实验室"。一年后，邢振成为冠华的新婚妻子，也辞去工作上山。他们既是"小白鼠"，也是"实验员"，亲身探索生活的必需品是什么。从房子开始，到床、发电机、洗衣机、厕所，统统自己打造。自产食物、缝制衣服、打造家具、处理废物、收集和储存能源、建立互助社区，再把实验总结出来的知识和经验整理成《自给自足生活手册》。

1637 年，宋应星的《天工开物》面世。1976 年，英国约翰·西蒙写了《自给自足生活指南》。冠华和邢振说，我们要打造的，就是这一代的《天工开物》、这一代的《自给自足生活指南》。

冠华把他们正在做的事情称为"家园计划"。

崂山上的自给自足实验室。

唐冠华：

中国，山东省崂山

生于 1989 年，青年艺术家，家园计划 AnotherLand 发起人。

邢振：

中国，山东省崂山

前证券分析师，现家园计划家园民艺中心负责人。

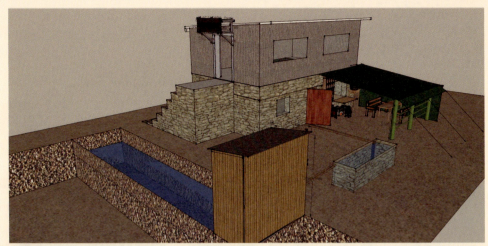

"家园是对人类文明发展的反省。"冠华说。2009年,冠华已经创作了大量的艺术作品,也开了个人广告设计工作室,和一帮朋友在青岛老城区靠海的房子里漫无边际地畅想一切,家园的理念便由此而来——过一种不同于当下城市生活的日子,与伙伴们共建食物、能源、教育、医疗等资源都自给自足的共识社区。

经过长久的探讨和论证,2011年冠华开始上山,把家园计划付诸实践。自给自足生活的每一个部分,在冠华和邢振看来都是一次实验。建房子是一个实验,发电机是一个实验,还有做肥皂、做衣服、做酱油……两人通过查阅资料、四处游学、不断尝试,把一个个设想变成现实。

记录他们总结的自给自足方法的 20集纪录片《独立之道》第一季正在陆续公映,《自给自足生活手册》也正在编写之中,越来越多的人加入他们,为他们募款,和他们一起做实验、整理资料、体验生活。

当然,也不是人人都喜欢家园计划。冠华和邢振在电视节目《中国青年说》介绍自己的生活时,在场嘉宾甚至因为意见不一吵了起来。面对质疑和嘲讽,冠华和邢振只是笑笑,说:"我们不希望影响谁,只是希望找到和我们一样的人,告诉他们,还可以有这样的生活方式。"

1. 自给自足实验室设计图。
2. 唐冠华和邢振在自给自足实验室。
3. 鲁锦国家级非物质文化遗产传承人赵芳云老人，传授邢振"闯杼"的方法。
4. 崂山上的自给自足实验室。

食帖：家园计划具体在做什么？
唐冠华：家园计划是对人类文明发展，对科技、经济、文化、教育等领域的反省。现在隶属于家园计划，正在开展的项目有五个：中国自给自足实验室（CSSL）、家园民艺中心（Another Center）、另一个工程（AnotherX）、独立之道（Independent Life Way）和共识社区（Intentional Communities）。

目前家园计划常驻人员主要有我、邢振和詹程。我负责自给自足实验室，邢振负责民艺中心，詹程负责另一个工程。

自给自足实验室：主要集中在对建筑、能源、农业、日用品领域的自给自足工艺的探索和实践。

家园民艺中心：承载着对非物质文化及民间传统手工艺的传播和交流。

独立之道：通过短片和书籍的形式，描述如何过上自给自足的生活。

共识社区：为基于兴趣爱好、宗教信仰、饮食习惯等理念类聚的人类社群进行探索、集成和服务。

另一个工程：相当于家园计划在各地的工作组，我们已经有了Another北京、Another青岛等，它们承担家园在各地的工作坊等活动。

通过在自给自足实验室进行生活实践，我们总结出涵盖建筑、能源、农业和日用品的简明制造工艺，将它们以动画和手册的形式作为《独立之道》呈现。有了这些知识的支持，才能推进自给自足的、趋向自觉意识的共识社区组成。在共识社区里，人们从油、盐、酱、醋到衣、食、住、行，一起自耕自种、自给自足。

◇◇

食帖："自给自足实验室"是如何建起来的？
唐冠华：自给自足实验室是我们在山上的第一个项目。我想用天然材料做房子，上网查了很多做三合土的资料，有的说用牛血，有的说用羊血，而且配比都很模糊，我们只能一个个试，做了一整个冬天，都失败了。到了2012年夏天，有人告诉我们可以用石灰，然后我们经过试验确定了现在的配比。另外，隔热这方面我们也想了很多方法，最后决定找1.5万个矿泉水瓶填充在墙体里。一开始我们找了很多企业，看他们能不能免费提供，但是一直收不到回信，最后找了青岛几所高校，从校园里收集到这些矿泉水瓶。

◇◇

食帖：做过这么多个项目，最让你印象深刻的是哪一个？
邢振：每一个项目印象都很深刻。因为每一次都是全新的尝试，都很辛苦。现在我最感兴趣的是纺织类的项目，今天还跟一个学化学的朋友聊硫酸铁、硫酸铜这些东西，用在现代工业染布里，对人有什么害处。这些知识原本只是出现在初、高中课本里，没有办法实际用上，现在我们经常会用到。

近期我还在学习鲁锦，一般带有"锦"的织物都含丝，而它是纯棉布做成的，花纹和花色都可以做到非常复杂。正是因为它的美，所以非常受欢迎，市场需求量大，以至于现在99%的鲁锦都是工业流水线制作的。但如果真的要制作传统精美的鲁锦，有一些步骤还是必须手工完成。

我曾一度感觉很无助，这么多传统手工艺需要传承和保护，我只能拼命投入更多精力去学习，但是学完了以后呢？有一天我的老师告诉我，可以将这些技艺相关的知识系统整理，建立数据库，这样可以一直传承下去。所以现在我一边学习，一边在做这个事情。

1. 冠华的常用工具。
   (photo. 李隽辉)

2. 自己制作的日用品。
   (photo. 李隽辉)

$\frac{1}{2}$

食帖：为什么家园计划与它的英文名"AnotherLand"并不是对应的？
唐冠华：家园计划的中文名，源于我总结自己对未来生活想法的文章《家园》，实施家园的计划就叫作家园计划。"AnotherLand"则描述了家园计划的另一层意义，即"主流之外的另一种选择"。如果太多人去追求同一个事情，比如大家都以金钱、以利益最大化为原则，就会忽视精神、人文、艺术，包括环保的东西。所以我们希望做主流之外的事情，提供城市生活之外的另一种选择。
家园源于社会本身，即便没有我们来做家园计划，也会有别人来做。其实它们已经存在了，而且都做得很好，只是可能不叫家园这个名字。
我认为家园与城市是相互转化的，可能哪天家园成为主流了，那么我们又会回到城市生活中去，永远做少部分的人，做 AnotherLand，努力促进整个社会的平衡。

食帖：听上去似乎有道家的感觉。
唐冠华：我一直对道的东西非常感兴趣。你看无极图，在黑的一半里面，白点是少数；在白的一半里，黑点是少数，但它们都是在变化的。我们现在可能是黑色部分的白点，或者白色部分的黑点，尽管是小部分，却也正是因为我们的存在，整个系统才能平衡。

食帖：《自给自足生活指南》进度如何？
唐冠华：《自给自足生活指南》就是《独立之道》的一部分。一方面我们打算做20集的《独立之道》纪录片，现在已经完成了第一季的前八集，内容涉及《面食》《涂料》《服装》等。视频内容是与书相呼应的，我们已有的知识和图片资料还需要继续整理、编纂成《自给自足生活指南》的册子。
这个项目包含建筑、能源、食品和日用品几个方面，目前日用品方面内容比较丰富，建筑方面包括怎么用天然的土、木、石、竹以及工业废品等现代材料做房子，而能源、食品都已经有一些探索，还需要再深入下去。希望到2016年年底，这本册子能完成。

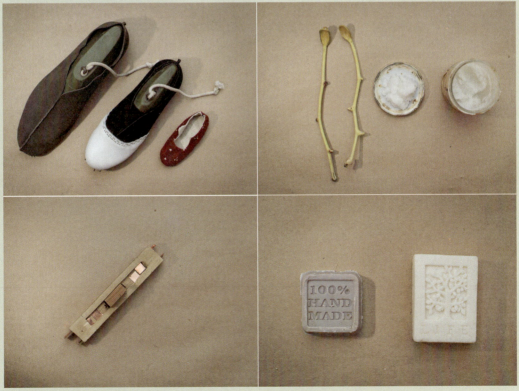

食帖：共识社区最多有过多少人？

唐冠华：其实我们还没有真正意义上建成共识社区。以前有过十几个人跟我们一起在山上住、一起工作，也有人过来住了半年，算是有过一些对共识社区的小尝试吧，比如一起开会、劳动分工等等，但是毕竟在崂山上没有足够的空间，大家都住在一个屋子里，不能算真正的共识社区。

2015年10月我们在福州进行了一次名为"南部生活"，至少为期3个月的共识社区尝试。在一个农场里，保持每个月至少20个人参与自给自足的建设和耕种，我们邀请了十几个懂得不同手艺的人来指导和帮助大家。

食帖：现在能完全实现自给自足吗？

邢振：现在还是在实验阶段。我们对每一样生活中需要的东西做一些实验，比如城市里有自来水，但是山里面就没有自来水了，那么怎么净化水？我们就会去做这方面的实验，消毒过滤，再拿去专业机构检测能不能饮用。这个实验结束了以后，我们就不会再做了。养鸡、养鸭、种菜，我们都做过。我们会详细地记录在养鸡这段时间里，鸡下了多少蛋，人需要多少鸡，实验结束以后我们就不再养了，再进行下一个实验。

毕竟我们的精力和时间有限，还需要做很多工作，所以现在没有完全自给自足。等建立共识社区，人多了，有分工了，我希望在社区里实现自给自足。

食帖：山里的生活和艺术创作之间，是如何平衡的？

唐冠华：最开始的时候每天盖房子，都是机械劳动，我很担心自己每天干这些活儿会对艺术的观察力有影响，毕竟等建成社区之后，我还是希望可以搞创作。目前在经历转化的过程，

1. 发电自行车。(photo. 李隽辉)
2. 砌墙中的冠华。

1 | 2

比如我们开展一次做肥皂的分享活动，不会只是单纯地教做肥皂的方法，也会从物质本身出发去反思问题。肥皂它是油做的，但又能去油，而且去油的过程中本身也会失去一部分。

近期我也做了一次源自家园计划的艺术创作《门》。我把自给自足实验室的一面墙复制到了北京当代艺术馆里，它的工艺、制作过程和材料都跟崂山上的是一样的，包含了一道门。这道门隔开了两个世界，在门后，我们未来会开展更多的生活方式实验。

食帖：家园计划为你带来了什么改变？

邢振：最大的改变是看世界的方式不同了。以前不思考，看到什么就会全盘接受，现在我会思考很多事情。其实城市生活也很好，但是比起我这样的生活，他们过得很嘈杂，没有办法听到内心的声音。我现在这种生活也是有局限性的，生活不够方便，但是相比之下，我能很清楚地体会活着的感受，有更多时间跟家人在一起，可以看到自然的变化和生命中许多细微事物。此外，家园计划也是一个与人息息相关的实验，因此我接触了各行各业的人，让我整个世界观打开了，看人、看事物都更加包容。

食帖：邢振每天要做很多工作，学很多东西，应该算是很勤劳的，怎么会有个外号叫"懒儿"呢？

邢振：我的处事原则其实还挺懒的。比如种地，我就是刨个沟儿把种子扔进去，没有专心地去浇水啊照看啊，扫个树叶随便堆一堆就算施肥，然后就等采摘了。农民们都会很仔细地搭大棚、浇水、除虫、除草，我就不会。他们搭大棚是为了追求高产，我们就这两个人，没有必要，随便种一点就够吃了。当然为了懒，我先学会了自然农法，知道什么季节应该种什么，看天气预报知道什么时候会下雨，算是顺应天时，靠天吃饭。

食帖：2016年5月1日，崂山的土地五年租期就到了，到时家园计划怎么办？

唐冠华：我们还是会在各地做共识社区的尝试，自给自足实验会继续进行，家园计划不会消失。崂山这边我们也希望尽量续租，把自给自足实验室保留下来。

Rohan Anderson

巴拉瑞特狩猎者

△ 王茹雪 | interview & text　　△ Satsuki | edit
△ Rohan Anderson | photo courtesy
△ Special thanks to HARDIE GRANT PUBLISHING

澳大利亚维多利亚州的巴拉瑞特，距离墨尔本百余公里，人口不足十万，宁静安逸。Rohan Anderson 夫妇和四个女儿住在这儿的小农场里。

Rohan 的博客"Whole Larder Lover"中有一句标语：吃好，活好，就这么简单。Rohan 认为人与自然、与食物的联系是由简单的因果组成的健康循环。比如砍柴，付出力气，可以获得盖房和生火的原料。道理简单，却也是万事不离的奥义。

再比如打猎。Rohan 时常会带着他的英国指示犬和猎枪，开车去树林里猎一些野兔、野鸭，偶尔也会猎一头鹿，之后会进行去毛、扒皮、收拾内脏、腌制和烧烤的整套流程。

Rohan 有自己信奉的"食物道德准则"。选择打猎，一方面是想获得健康的肉类，另一方面，在"工业饲养屠宰"和"自己动手"二者当中，他希望能选择后者。

清晨的树林，Rohan 猎到一只野鸭。

Rohan Anderson:

- 澳大利亚,维多利亚州巴拉瑞特 (Ballarat, Victoria)
- 摄影师、美食作家,拥有一个小农场。其长期为《卫报》澳洲版的食物专栏撰稿,已出版书籍 *Whole Larder Love*、*A Year of Practiculture*。

1. 清晨的树林，Rohan 猎到一只野鸭。
2. 夏季猎到鹿后，需快速进行处理。
3. Rohan 在"辅导课"上教授收拾野兔的方法。
4. Rohan 和朋友们在登山途中生火，准备做晚餐。
5. 烤鹌鹑。

Rohan 和妻子一起打理菜园与鸡舍，四个女儿也很喜欢跟着他去山里，采集浆果、坚果和野蘑菇，或者在菜园里自己摘晚饭的食材。孩子们的年龄不大，但是对独立生存和自给自足有了潜意识的理解。"女孩们看到死去的猎物时会高喊'好血腥'，但她们还是会帮忙清理猎物。"

Rohan 出生在农场里，成年后和大多数年轻人一样向往城市，毕业后曾在连锁超市工作，朝九晚五日复一日。也正是那段工作经历，让他对流水线食物、深加工食物有了深入认识，引导他选择与现代化生产相反的生活方式。

1
1
2
2

1. 自己搭建的鸡舍。
2. Rohan 在后院准备柴火。

食帖：你似乎对"自给自足"这个概念不太认同。

Rohan Anderson (以下简称"Rohan")：主要是觉得"自给自足"的范畴不够明确。这个词暗示着一个人需要独自担负自己的食物和生活材料来源，在现代社会中，这一点几乎无法达成。我对自己的定位是"手工者"，自己动手做能够完成的事情，比如种植蔬果、打猎和捕鱼。但是面粉、糖盐、衣服、肥皂这些基本食物或生活用品，肯定是要购买的。准确来说，我的生活方式是"半自给自足"。

食帖：提到种植和渔猎，你和家人的日常食物，大部分由自己解决？

Rohan：是的。除了种些常见蔬菜，肉蛋类主要靠养殖和打猎。我们饲养了几只鸡，获得的鸡蛋足够家里人吃。打猎的话，平时大多是野兔、野鸭、鹌鹑，偶尔也会猎头鹿回来。秋天对我们来说是最幸福的。山里到处是可以采集的浆果、坚果和野蘑菇。坚果的食用方法是：采集之后，用泥土封存六个月，这期间果肉在壳中逐渐干瘪，然后就可以吃了。蘑菇除了新鲜的时候吃，也会取一些晒干，作为海鲜烩饭或浓汤的调味品。

收获的青豆。

食帖：还记得第一次打猎时的情形吗？

Rohan：第一次大概是十来岁的时候，我被一个邻居叔叔带去山里。那次打猎并不是为了吃的，而是大人们纯粹的猎杀"游戏"，那景象很可怕，我后来一直拒绝尝试打猎。直到成年后，我开始认识到打猎是一种"替代集中圈养"的食物获得方式，我希望自己动手获取食物，而不是把它交给工业饲养。

食帖：有人觉得打猎很酷，也有人认为打猎很残忍，你如何看待这件事？

Rohan：打猎并非是一场"华丽的冒险"。它是个脏活，血腥并且野蛮，初期要学会克服心理障碍。但捕猎也是人类生存的原始行为，正当的捕猎，是合法且合理的。我自己的饮食结构，是以粮食、蔬果为主，辅食一些肉类，这是一种保持生态平衡的方法。

食帖：所以你的意思是，种植和打猎有利于改善人们的饮食习惯和饮食系统？

Rohan：是的，我们的饮食系统除了因农药化肥造成的污染问题，还存在栖息地退化、土壤质量变差的隐患。与此同时，"不劳而食"的现代人，越来越多地摄取深加工食物且缺乏运动，造成肥胖症或亚健康。自己动手种植或猎取食物，对于环境和人类自身都有正面意义。

食帖：听说你也在定期举办"生存辅导班"。

Rohan：很多人在网上看到我的消息，会发邮件询问，想来这里体验一番。这些人来自世界各地，从事着不同职业，来这里的目的也不同。有些人是纯粹的"吃货"，想过来尝尝野味；有些人打算从城市搬到乡村，到这边学习一些生存技能；还有些人是为了挑战自我，以及了解关于"食物道德准则"方面的事情。

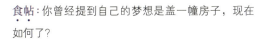

1. 果蔬的育苗阶段。

2. 收获的甜菜。

3. 菜园中的芦笋，总是在很嫩的时候摘来吃。最常做的是奶油芦笋意面。

4. 冬季下雪后的农场。

5. 两个女儿在树林里捡拾栗子。

6. 用采集来的野蘑菇烤一个简易比萨。

7. 用菜园中的辣椒腌制的"魔鬼辣酱"。

食帖：你曾经提到自己的梦想是盖一幢房子，现在如何了？

Rohan：我一直有这个计划，目前还没实现。盖房子的钱需要慢慢攒，但是我已经在脑中构思过无数遍了。

食帖：描述一下你现在的日常生活。

Rohan：我生活的主要内容，其实和大多数人是一样的。送孩子上学，交各种费用，刷锅洗碗。不同的地方是，我选择花大把时间在园子里种蔬菜，在山林间采集和打猎，在后院砍柴。我的家里没有电视机，我想过一种身体力行的生活。

食帖：和家人住在一起，他们赞同你的生活方式吗？

Rohan：我的妻子有两个女儿，我自己有两个女儿。我们住在一起，常常一起去采集蘑菇和坚果，或者在菜园里挑选晚饭的食材。这是一个告诉孩子们"食物如何而来"的好方法，这会对她们的人生信仰产生积极意义。

西班牙薯块配辣香肠

Patatas Bravas with Chorizo

🕐 100 MIN   🍴 FEEDS 4~6

食材

西班牙辣香肠 300 克，切碎
土豆 8 ~ 10 个，洗净
青辣椒 1 个，切碎
洋葱 3 个，切碎
大蒜 5 瓣，切碎
浓缩番茄酱 725 克

调料

橄榄油 1 ~ 2 茶匙，另取一些作为淋料备用
西班牙烟熏甜椒粉 1 茶匙
辣椒粉 1/2 茶匙
欧芹 一把，切碎
盐和黑胡椒粉 适量

做法

STEP [1]
平底锅中倒入橄榄油加热，小火炒制洋葱、大蒜约 15 分钟，加入浓缩番茄酱、西班牙烟熏甜椒粉、辣椒粉和一半的欧芹，煮约 30 分钟至酱汁变浓稠。室温静止使其稍冷却，用手持料理器将酱汁打至细腻顺滑。

STEP [2]
烤箱预热至 200℃。土豆煮 10 分钟使其半熟，沥干水分，切成小块，放入烤盘中，均匀淋少许橄榄油，烤制 30 ~ 40 分钟至外皮酥脆金黄。

STEP [3]
在小锅中用中火炒熟西班牙辣肠，铺于土豆上，淋上重新加热后的番茄酱汁，撒少许盐和黑胡椒粉，最后点缀欧芹和新鲜青辣椒即可。

Chard & Chorizo Pie

彩虹甜菜辣香肠派

Chard & Chorizo Pie

⏱ 100 MIN　　🍴 FEEDS 4

食材

派皮所需食材：
中筋面粉 200 克
黄油 100 克，切小块
鸡蛋 1 个，搅匀

内馅所需食材：
西班牙辣香肠 150 克，切碎
切碎的彩虹甜菜 4 杯
羊乳奶酪（佩科里诺奶酪）90 克，搓碎
切达奶酪 125 克，切碎
洋葱 2 个，切丝
大蒜 4 瓣，切片
鸡蛋 4 个，搅匀
细香葱 一把，剪碎

配料

黄油 50 克
橄榄油 60 毫升
盐和黑胡椒粉 适量

小贴士：
烤制派皮时，通常需用"烘焙重石"压住派皮，促进空气的排出，防止过度膨胀，同时有利于派皮均匀受热。烘焙重石可以用干豆子或生米代替。

做法

STEP [1]：准备派皮
将黄油和面粉用料理机搅拌至呈现"屑状"，继续搅拌，同时缓缓倒入鸡蛋液，至混合物变成面团（若无法定型，可加少许冷水）；用保鲜膜包住面团，放入冰箱冷藏至少一小时。

STEP [2]：准备馅料
a. 平底锅中倒入约 1/2 的橄榄油加热，小火炒制洋葱、大蒜约 15 分钟，盛出放入大碗中。
b. 平底锅继续加热，放入黄油至熔化，炒制甜菜 10 分钟，盛出放入大碗中。
c. 平底锅继续加热，用剩余底油炒制西班牙辣香肠约 5 分钟，盛出放入大碗中。
d. 将羊乳奶酪、鸡蛋和 2/3 的细香葱放入大碗中，所有食材一起搅拌均匀，用适量盐和黑胡椒粉调味。

STEP [3]
准备一个直径约 23 厘米的派盘，均匀刷一层橄榄油。烤箱 220℃ 预热。

STEP [4]
案板上撒少许干面粉，将冷藏后的面团擀平，铺于派盘底部，用叉子均匀戳出小孔，并整理边缘多余的派皮。

STEP [5]
在派皮上铺一层烘焙纸，装一些干豆子或生米至半满状态，220℃ 烤制 10 分钟。去掉烘焙纸和豆子，再烤制 10 分钟至派皮表面金黄，将烤箱温度调整到 180℃。

STEP [6]
将馅料倒入派皮中，均匀铺一层切达奶酪，烤制约 30 分钟至内馅定型，取出室温静置 10 分钟，点缀剩余的细香葱即可。

五十岚大介

这里是衣川，这里是小森

△ 陈晗 | interview & text　　△ Satsuki | edit
△ 讲谈社 | photo courtesy

"小森，是位于日本东北部某个村庄旁的小村落。

这里没有商店，想买生活必需品，要去村庄中心的公务所。

去时基本是下坡路，骑自行车大概半小时。冬天路面积雪，只能走路去。不着急的话，差不多要走一个半小时吧。"

旁白结束，电影画面中的女孩骑着单车，穿梭在一条蜿蜒山路上。两旁葱郁的山林，泛起仲夏的绿色。风吹着女孩的短发，后座上的菜篮摇摇晃晃。向山下望去，水汽从土壤中升腾，夏日的小森被笼罩在缥缈的雾气中。

这是《小森林》（*Little Forest*）电影版第一部的开始。

"这就是保护着我免于经受日晒、风雨、雷电、寒冷的家。"

from 五十岚大介《*Little Forest*：一直陪伴在我生活里的东西 17》

五十岚大介：

📍 日本，小森

— 著名漫画家，1969 年生于日本埼玉县，毕业于多摩美术大学。曾长居岩手县盛冈市，后搬至衣川村生活三年，并以真实经历为素材，创作漫画《小森林》（共 2 卷）。该漫画被改编为系列电影，于 2014 年和 2015 年上映。

日差しや雨嵐や寒さからわたしを守ってくれるわが家です

电影里的那条山间小路，正是我当年骑过的路。

若说起近几年的日本佳片，《小森林》可以算是其中代表。这部根据漫画家五十岚大介（以下简称"五十岚"）的同名原作改编的电影，分为两部。"夏秋篇"于 2014 年夏末上映，"冬春篇"于 2015 年冬末上映。

电影的情节异常简单，讲述女主人公"市子"在小森生活的日常片段，大量镜头集中展现"农作"与"烹饪"的过程。整部影片高度忠于原著，那些发生在漫画里的故事，亦多半是原作者的真实经历。

从美术大学毕业后，五十岚从岩手县盛冈市搬到衣川村，度过了三年乡村时光。每日与自然相伴，耕种收割，自给自足，安静缓慢地生活。这段经历，成为他日后所有创作与思考的原点。

五十岚出生于东京附近的埼玉县。从小生活在城市中，让他一度觉得生活本该如此，有钱即可换得生活所需与便利。直至 29 岁，他开始独自旅行，来到冲绳西表岛，在那里生活了一个月。

西表岛是冲绳海域独立的岛屿，大部分年轻人选择离岛出去工作，只剩不多的人长期生活在这里。岛上 90% 的土地被森林覆盖，周围近海遍布珊瑚，水质优良，海产丰富。因地域受限，岛上居民的生活，基本以自给自足为主。利用岛上的树木搭建房屋、制作工具和日用品；开辟田地种植蔬菜、圈养家禽家畜；有船的人家会经常出海捕捞海货。这里的人们似乎很清闲，又很忙碌。这种带有原始样貌的生活节奏，令五十岚感到别具魅力。

回到城市后不久，正值上一部漫画连载结束的休息期，五十岚动身前往日本东北部的岩手县衣川村，开始尝试一个人在乡下生活。选择东北部的原因有三个：父母都出生在东北部，想去那里感受父母小时候的成长环境；比起温暖的南部岛屿，更喜欢寒冷一点的地方；以及之前在西表岛认识的朋友，恰好给他介绍了一处位于衣川村的空屋。

在衣川村的三年里，五十岚逐渐意识到自己为何会迷恋上乡村生活。"城市里一切都是静止的。那些人造产物看似是活动的，其实是静止的。而自然中的山、海、风、草、树木，是有生命的，是生动的。不知从什么时候开始，我发现只有置身于自然中时，内心才能真正地平静。"

衣川村是生活的原点

《小森林》的漫画灵感，诞生于衣川村的这段时光。五十岚每天清晨起床，和村民们搭伴去田间做农活。傍晚回到住处，自己做一餐简单的饭，吃过后开始构思和创作脚本。

小时候在城市生活时，尝试过在自家院子种番茄，觉得种植的工作很有意思。到乡下后，凭借看书自学，以及和乡邻请教，不久就做到了大米、蔬菜都能自足的程度。偶尔遇到天气问题或病虫害，可能会损失掉某种作物，但好在种植的种类多，不会完全断粮。蛋奶肉类还是要去城里买，每次骑山地车来回，要花上一天时间。有时被村民叫去帮忙给野鸭解体，也能顺便获赠一些野鸭肉。

这三年的生活，除了成为《小森林》的创作灵感，也影响了五十岚之后的其他作品。在乡野森林中遭遇的一些"神秘"现象和奇妙经历，被他画入 2003 年开始连载的漫画《魔女》；而他对人与自然关系的认知与探讨，则体现在其后创作的《海兽的孩童》中。这些作品大多都有一个共同特点：人物描绘只有寥寥几笔，自然万物的刻画却细致又庞杂。

在庞杂的自然面前，人们能真正掌控的，大概只有微小的日常生活。在山林鸟虫的围绕中种地、采摘、生火、煮饭时，五十岚才真切感受到满足。"乡下的女人们都很厉害，她们照料小孩和丈夫，操持家务和农活，院子里的花养得生气勃勃，路边的野草清理得一丝不苟，还记得将当季山野菜做成能长期储存的食物……她们忙得很，但你从她们的脸上，看不到城市人身上弥漫出的疲惫感。"

1. 《小森林》漫画版第一卷，五十岚大介著，讲谈社，2004.8.23

2. 《小森林》漫画版第二卷，五十岚大介著，讲谈社，2005.8.23

interview

五十嵐大介 | 这里是衣川，这里是小森

てぬぐい・タオルは
頭に巻いたり
首に巻いたり
腰に下げたり
防寒・虫除け
日差し対策
何かを包んだり クッションにしたり
汗をふいたり
どこに行くにも一緒です

"一条擦手巾，可以裹在头上，缠在颈上，系在腰上，防寒、驱虫、防晒，需要时还能用来包东西，叠成靠枕，或是擦汗。不管去哪里，我都要带着它。"

from 五十岚大介《 Little Forest： 一直陪伴在我生活里的东西 14 》

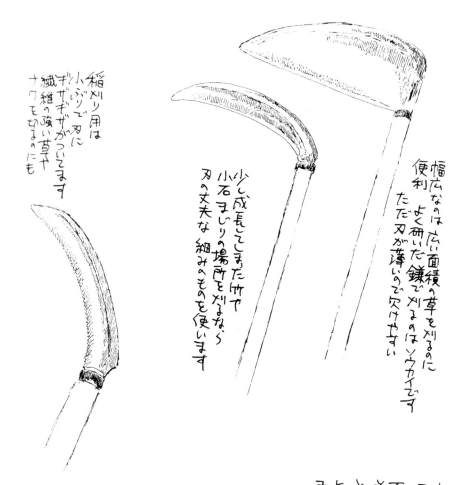

（左）割稻子用的镰刀型号较小，刃部一侧呈锯齿状，适合割除纤维强韧的杂草或绳子等。

（中）若要割较为粗壮的竹子，或是在小石子较多的土地里作业，会用刀刃较坚固的细镰刀。

（右）宽镰刀适用于割较大面积的草。用磨得很快的镰刀割草是件痛快的事，不过因为刀刃较薄，容易磨损出缺口。

（下）杂草这东西，一旦种子落了地，甚至能长到邻居家去，时不时地带来困扰。
夏天的杂草，可以在一瞬间就疯长到将家里家外都淹没的程度。一时无法连根去除的，也只能先尽力割干净了。
"高手"们会习惯随身携带一块磨刀石。认真磨刀，才能保持刀刃的锋利。

from 五十岚大介《Little Forest：一直陪伴在我生活里的东西 10》

食帖：为何选择在衣川村开始乡村生活？

五十岚：我的父母出生在东北部，后来搬到东京附近的城市工作。小时候的寒暑假期，我会随父母到东北部探望亲戚，衣川村刚好有熟识的人在这里，又恰巧有闲置的房屋和田地，我便决定搬过去试试。而且比起温暖的南部，我更喜欢稍寒冷的地方。

食帖：习惯了城市生活，能快速适应务农吗？

五十岚：工作以后独自生活的那段时期，租的房子也有个小庭院，曾经种过番茄之类易打理的蔬菜。但衣川村的气候、土壤环境毕竟不同，种菜时会遇到种植失败或遭遇病虫害等情况。所幸，我就一个人生活，田地足够大，种植的品种多，周围山上有很多野菜野果，维持生活是足够的。

◇

食帖：所以，算是实现了食物方面的自给自足。

五十岚：蔬菜和粮食方面实现了自足，在那里的三年没有买过蔬菜，偶尔自己的田收获不佳，邻居们会分些蔬菜给我。我自己种了水稻，除了第一年收割期之前需要买米，或从邻居那里获赠一些米，之后的两年大米也实现了自足。肉和鸡蛋还是要买的。有时帮邻居宰野鸭，能获得一些肉和蛋。农活忙起来时偶尔顾不上做饭，也会吃速食面和其他袋装速食。

◇

食帖：《小森林》中出现大量的料理做法，你本身是喜欢烹饪的人？

五十岚：我本身就挺喜欢料理，用自己种的食材烹制佳肴，也是我一直梦想的。衣川村的土地、气候有明显的特性，这里出产的食材比起市售的更有"风味"。村里有一些特别的"乡土料理"做法，有些很简单，有些又需要细烹慢煮。

食帖：谈谈对电影版《小森林》的看法。

五十岚：电影的拍摄地，正是我在衣川村居住过的地方。影片中出现的一些群众演员，是曾经照顾过我的村民。电影片头，主角骑车的那条小路，正是我当年骑过的山路。当我第一次看到电影片花时，一瞬间有种回到衣川的错觉。我很庆幸，制作团队很尊重原著，为了真实还原四季更迭，进行长达一年多的拍摄。此外，电影是有"声音"的，草木摩挲、河水流动、鸟虫鸣叫的立体感，是漫画无法描述的。

食帖：现在的生活状态是什么样子？

五十岚：工作事务增多后，就无法继续衣川那样的生活了，但也没办法回到东京那样的都市。现在我住的地方也有海、山和森林。家里也有一个小庭院，种着一些蔬菜。
平时的日子，多半是妻子做饭，妻子较忙的时候，我也会做。闲暇时会和孩子们一起烤面包，他们会特别开心。无论如何，现在自己的所思所感、所选择的生活方式，是衣川村的三年带给我的。那段日子成为我人生的基础，对我来说是最重要的原点。

《小森林》漫画版中市子制作"胡颓子果酱"的故事。

四道"小森式"料理

△ 田园 | text & photo courtesy　　△ Satsuki | edit

《小森林》是漫画与电影勾勒出的美好世界,现实中的我们,大多只能在"水泥森林"中寻找内心的一片安宁。

食物是《小森林》的灵魂,也是现实生活中,可以贴近"小森"的最佳方式。

培育天然酵种,烤一炉面包;种些迷迭香,调一碟蘸酱;栽几株薄荷,调杯鸡尾酒;取当季鲜果,熬一锅果酱封藏。这些"手作感"料理,需要等待食材生长、漫长的发酵或耐心地熬煮,然而在默默流动的时光里,依稀可见山野,可见田园。

四道料理所需食材及工具。

WithEating 08

interview

四置 "小家式" 料面

- Sourdough Bread with Sliced Olives -

天然酵种橄榄面包

Sourdough Bread with Sliced Olives

食材

高筋或中筋面包粉 330 克
黑麦天然酵种 150 克
去核腌渍橄榄 约 40 颗

调料

海盐 4 ~ 5 克
水 225 克

小贴士：

1. 混合原材料的步骤尽可能用手揉面，不要用机器。
2. 折叠面团时，蘸水的手掌外侧紧贴盆壁向下施力，可有效地使粘在盆底的面团分离。
3. 橄榄也可以换成其他果干或脱水洋葱粒。
4. 将面团放入发酵篮时接缝朝下，则烤制时面团接缝朝上，无须割包（指面团发酵好后，准备放入烤箱之前，在面团上割出纹路，使其在烤制时更好地膨胀）。如需割包，面团置入发酵篮时接缝朝上。

做法

STEP [1]
在一个大盆内混合粉和水至无干粉，密封后室温浸泡（Autolyse[1]）30 分钟。

STEP [2]
加入喂养活跃的黑麦天然酵种、盐和橄榄，用手充分搅拌混合，密封后室温发酵 60 分钟。

STEP [3]
手蘸水，从盆底捞起面团向中间折叠，四周折叠完后将面团折缝向下放置，密封继续发酵，在此后的第 30、60、90、120 分钟时重复该过程。

STEP [4]
最后一次折叠后的 45 ~ 60 分钟时，沿盆边薄薄地撒一圈面粉，用手或刮刀将面团移到已撒粉的操作台上。双手抹少许干粉，捞起面团底部向中间折叠，翻面，形成一个外部由干粉包裹的面团，准备塑形。

STEP [5]
将面团移至光洁无干粉的台面上，拿起面团的远端，手掌施力向面团中心按压，调转 90°，重复该过程约 10 次，直到面团形成一个内部有支撑力度的球形。

STEP [6]
将塑形完毕的面团直接摔入发酵篮，入冰箱冷藏室发酵约 3 小时，以手指蘸干粉检查面团发酵度：指尖戳入面团 1.5 厘米后放开，形成的凹陷若能在 2 秒左右回弹如初，则说明在烤箱预热完成后，发酵将达到可烤制程度。

STEP [7]
烤箱内置一口直径 24 厘米左右的铸铁锅，带盖以 245℃预热 60 分钟。预热完成时，将冰箱内的藤篮取出倒置，把面团轻磕在烘焙纸上，移入锅中盖上盖子，入炉烤 30 分钟后揭盖，继续烤 20 分钟。烤制完成后的面包需移至网架冷却至少 20 分钟，即可切开享用。

---

[1] 俗称"浸泡"，通常指面团发酵前的预备步骤。具体做法是将面粉与水混合，静置 20 ~ 60 分钟，令面粉充分吸水，产生一定的"筋度"。

WithEating 08

interview

四道 "小森式" 料理

P.S. 黑麦天然酵种做法

(100% 水粉比)

第 1 天
-
DAY 1

[材料]
黑麦粉 50 克、清水 50 克

[做法]
取一个大碗，混合黑麦粉和清水，搅拌均匀，覆盖保鲜膜，常温发酵。

第 2 天
-
DAY 2

[材料]
黑麦粉 50 克、清水 50 克

[做法]
发酵 24 小时，前一天的"种液"开始产生少量气泡，此时再次加入黑麦粉和清水，搅拌均匀，覆盖保鲜膜，常温发酵。

第 3 天
-
DAY 3

[材料]
黑麦粉 50 克、清水 50 克

[做法]
"种液"开始产生较多的气泡。此时将第 2 天的"种液"取出一半，剩余一半继续加入黑麦粉和清水，搅拌均匀，覆盖保鲜膜，常温发酵。

第 4 天
-
DAY 4

[材料]
黑麦粉 50 克、清水 50 克

[做法]
在持续发酵的作用下，"种液"开始产生较密集的气泡，体积有所增加。此时将第 3 天的"种液"取出一半，剩余一半继续加入黑麦粉和清水，搅拌均匀，覆盖保鲜膜，常温发酵。

第 5 天
-
DAY 5

[做法]
经过最后的 24 小时，"种液"产生丰富密集的气泡，体积明显增大，酵种即完成。

- Aïoli au Romarin -

迷迭香普罗旺斯酱

Aïoli au Romarin

食材

橄榄油 100 毫升
玉米油 100 毫升
鸡蛋黄 2 个
大蒜 3 瓣
盆栽鲜迷迭香叶 1～2 克
柠檬汁 1 大勺

调料

盐 少许
现磨黑胡椒粉 少许

做法

STEP [1]
将两种油混合倒入量杯中,蒜瓣捣成蒜蓉,新鲜迷迭香叶切成细末。

STEP [2]
在一个大的深碗中,将蛋黄用电动打蛋器中速打发,打发过程中另一只手持量杯,将油以细线状少量匀速混入盆中,直到混合物呈蛋黄酱的黏稠状。

STEP [3]
调入柠檬汁、蒜蓉、盐、黑胡椒粉和迷迭香,装入密闭容器,放进冰箱冷藏入味,两小时后即可享用,可保存两天。

小贴士:
1. 市售鸡蛋导致肠道感染的可能性很小,但仍建议挑选生产日期在十五日之内的鸡蛋。
2. 也可将迷迭香替换成适量橄榄酱或番茄酱、辣椒酱。
3. 迷迭香必须是鲜叶。
4. 原方中的调味可依个人口味稍做调整。

WithEating 08

interview

四道 "小森式" 料理

- Black Plum Jam -

黑李果酱

Black Plum Jam

食材

新鲜成熟的黑李 500 克
蜂蜜 80 克（可依喜好减少用量）
蔗糖 50 克（可依喜好减少用量）
柠檬 1 个

调料

白兰地或朗姆酒 30 毫升
肉桂枝 1 根
姜 1 小块
盐 1/4 小勺

做法

STEP [1]
黑李洗净，无须去皮，对半切块。去核后，视个人喜好切成小块。（若喜欢果酱里有果肉的口感，一个黑李切四块即可。）

STEP [2]
平底锅内放入果肉、蔗糖、蜂蜜、肉桂枝、酒、盐，擦入一整个柠檬皮屑，随后挤入柠檬汁，姜去皮擦成姜泥加入。稍稍搅拌，静置半小时到一小时。

STEP [3]
将锅用中小火烧热至糖熔化成液体，随后转中高火烧开。加热过程中注意搅拌，并用锅铲适度按压果肉，使其充分受热。

STEP [4]
当液体开始变得稠厚时，夹出肉桂枝，继续大火加热。若液体收干过快，果肉尚未软化，可少量多次加入热水加盖熬煮。判断果酱是否完成，可取一常温小盘，滴一滴果酱，放入冷冻室，稍后取出，若变成啫喱状，即可盛出装瓶。注意装瓶时不可装满，顶部留出 1 厘米左右的空间。

STEP [5]
若想让果酱保存时间更久，可以将密封玻璃容器洗净，和瓶盖一起放水中煮开，取出后用厨房纸吸干。舀入果酱后，封盖，将容器倒置 5 分钟。随后以密封状态将瓶口朝上，放入沸水中继续煮 5~8 分钟，取出冷却后冷藏，可保存一个月。

小贴士：
1. 适用于此食谱的其他水果有：无花果、车厘子、西梅等。熟成度越高越好。
2. 若一次熬制的量较大，可装入多个小容量玻璃瓶，以免在同一容器中多次取用加速变质。
3. 肉桂枝不是桂皮，而是西餐中常用的红褐色细枝，比起桂皮更有甜香味。

- Peach Margarita -

蜜桃玛格丽特酒

Peach Margarita

食材

桃子 2个
银龙舌兰 60毫升
青柠汁 45毫升
橙味力娇酒 30毫升
蜂蜜 1大勺

调料

粗盐 少许
盆栽鲜薄荷叶 少许
冰块 若干

做法

STEP [1]
桃子去皮去核,用料理机打成细果泥,加入青柠汁、银龙舌兰、橙味力娇酒、蜂蜜,继续搅打。

STEP [2]
鲜薄荷叶切成碎末,和粗盐混合。取一平盘,撒一圈和杯口大小相当的"粗盐薄荷混合物"。手指蘸蜂蜜抹在杯口,将杯口倒置在"粗盐薄荷混合物"中再取出。

STEP [3]
杯中放入冰块若干,将步骤1的混合物撇去浮沫,倒入杯中。加青柠块装饰。

小贴士:
1. 质软多汁的水果都适用此方,如杧果、草莓、猕猴桃等。
2. 橙味力娇酒可选择常见的 Triple Sec 和 Grand Marnier。
3. 此方中的各配料可依个人喜好调整用量。
4. 此方约为二人份。

塚原正太

从律师事务所，到祖父的农园

△ Kira Chen｜interview & text　　△ Satsuki｜edit
△ 塚原正太｜photo courtesy

如果这也是你梦想中的生活，那么一定要介绍你认识他。

有一天朋友对我说。

于是，我就这样认识了岐阜县的塚原先生。一个从城市回归到自然，正在逐步实现自给自足生活的人。

交谈时，塚原正太有些害羞。他说自己的梦想是"让更多人在'食'这件最基本的事情上可以安心享受"，然后开始专注地回忆那些关于农园的故事。我感觉到，他的害羞，许是因为长久以来，他将时间和热情都用于与泥、与水、与草木的朝夕相处。和自然的对话是全息无声的，和人，尤其是异国的陌生人，便显得拘谨起来。

塚原正太：

- 日本，岐阜县
- 日本律师，目前已辞去律师事务所工作，在岐阜县打理祖辈的农园。

1	2
1	2
1	2

1. 日本岐阜县，塚原家的菜园。这里曾荒废多年，塚原先生接手后，开始重新种植作物。品种包括茄子、番茄、萝卜、玉米、秋葵、洋葱、大葱、生姜、香菜等。现在塚原一家人的三餐食材，大部分来自这里。

2. 塚原种植作物时，大多会覆盖"地膜"，以提高土壤温度、湿度与施肥效果，同时可减少杂菜，降低病虫害的发生率。

食帖：听说你曾经是名法律工作者。

塚原正太（以下简称"塚原"）：是的，我曾在父亲经营的法律事务所工作过很长时间。事务所主要分为两个部门：土地测量部和土地产权法务部。家里的孩子们毕业后都留在了事务所。妹妹小瞳负责法务部，我则负责测量部。大部分时间，我需要和测绘师们一起进行土地面积测量，有时也会处理土地产权纠纷。虽然常和土地打交道，但是和真正的耕种、农事毫无交集。

食帖：在你接手之前，家里农园的经营情况如何？

塚原：在我祖父那辈，塚原家族曾经拥有岐阜县的大片土地。虽然经历了国家回收私有农田，并低价出售给普通村民的时期，但在祖父的努力下，还是尽量保留了一些土地。直到我父亲那辈之前，家里一直是靠工人种植农田为生的。但由于父亲对农事不感兴趣，离家学习了法律专业，成立了自己的律师事务所，家里的农田从那时起便没有人管理了，在我决定接手之前，都是出租给其他人种植的。

食帖：什么契机让你决定放弃工作，转而打理农园？

塚原：身为家中长男，原本应该继承父亲的事务所，这也确实是我曾经的想法。所以除了测量部的工作，我也有去专门学习法律课程。可是这种按部就班，每一步都被确定了的人生，让我越来越觉得自己正在被一种无形的压力淹没，经常回想起小时候帮助祖父祖母播种采摘时的片段。后来我认真地和家里人商量，决定亲自接管农田。

食帖："田园生活"刚开始进行得顺利吗？

塚原：总体来说尽如人意。因为小时候常和妹妹去菜园帮忙，虽然只是做一些松土、播种，把成熟的土豆、红薯从地里挖出来的小事，但比起初学者，我的起步要相对容易很多。

1. 茄子是塚原全家最喜欢的蔬菜，种植较容易，适合多种简单的烹饪方式。种植方面，通常于春季移栽，覆盖地膜，保证水和肥料供应即可。

2. 秋葵属于较快速成熟的蔬菜，通常于春季播种，夏季收获。秋葵果实"朝天"生长的样子颇具"萌"感。塚原通常会在炎炎夏季，将秋葵简单调味做成沙拉，稍加冷藏令其入味，配一罐冰啤酒，作为晚餐时的消暑小食。

食帖：亲自打理农园是件"体力活"，会不会觉得太辛苦？
塚原：身体上的辛苦并不算什么，最艰辛的，是眼看着已经长成的蔬菜，受到台风、虫害或病害，一夜之间被摧毁，却束手无策。蔬菜于我的意义，已不是简单意义上的食物，它们就像自己的孩子，寄予着我每一季的希望。

食帖：你说过，农事让你体会到莫大的幸福感。
塚原：经过亲自耕种、打理、收获的蔬菜，通过简单的烹饪，变成全家每日的餐食，这便是自然赐予我的最真实的幸福感。自己种出的蔬菜，确实有一种特别的美味。

食帖：自给自足的新生活，除了生活方式的改变，在心境上似乎也给你带来了变化。
塚原：之前的职场生活，每天在不停地完成指示、解决问题，看似有一个目标在前方，却总是感觉惶恐，好像生活和工作不受自己掌控。现在的生活虽然也不轻松，但是"博弈"的对象不再是"人"。与自然和土地打交道，会让人懂得敬畏与感激。这种生活让人感觉真实和安心。

食帖：分享一些普通人在家进行小型种植的技巧吧。
塚原：如果是喜欢在家小型种植的人们，最开始种植的时候要注意以下几点。

a. 根据阳台的朝向选择种植品种。
阳光充足、通风良好的阳台，可以种植番茄、黄瓜、苦瓜、菜豆等；半日照的阳台，可以选择喜光耐阴的蔬菜，如萝卜、洋葱、香菜等。

b. 选择大小适当，不透光的容器。
若选用小容器种植大作物，根系生长就会受到限制，导致根系缺氧，植株无法正常生长；透光容器容易令土壤中产生绿藻，导致植株根系营养流失和缺氧。

c. 初学者可先尝试全年皆可种植的"速生菜"。
蔬菜的种植基本可以分为种子前处理、播种、移苗、采收四个过程。蔬菜的品种不同，每个步骤的周期时长也不同。马铃薯、花椰菜、番茄、辣椒、草莓等较易种植，薄荷、香草、罗勒等常用香草也很适合初学者。

なす焼きキムチのせ
・
ししとうとエリンギのニンニク炒め
-

烤茄子配自制泡菜

なす焼きキムチのせ

⏱ 15 MIN 🍴 FEEDS 2

食材

茄子 3 个　　泡菜 适量
葱花 适量　　姜末 少许

调料

芝麻油 少许　　盐 少许

做法

STEP [1]
向平底锅中倒入芝麻油,油热后放入姜末爆香。

STEP [2]
将茄子切薄片,放入锅中煎软,撒盐调味后盛盘。

STEP [3]
在茄子上点缀切碎的泡菜和小葱即可。

蒜香美人椒杏鲍菇

ししとうとエリンギのニンニク炒め

⏱ 15 MIN 🍴 FEEDS 2

食材

杏鲍菇 2 个　　大蒜 3 瓣
美人椒 50 克

调料

酱油 20 毫升
食用油 少许

做法

STEP [1]
将杏鲍菇切块,蒜切末。锅中放油,烧热后放入蒜末爆香。

STEP [2]
放入杏鲍菇,翻炒至微焦后,加入美人椒,中火翻炒 4～5 分钟,放入酱油,翻炒均匀后盛出即可。

WithEating_08

盐见直纪

半农半 X 的永续型生活

△ 王怡玲 | interview & text　　△ 李晓彤 Satsuki | edit

想做到与地球百分之百地同步，是几乎不可能的事情。
但哪怕能做到百分之一，也弥足珍贵。

By 盐见直纪

盐见直纪：

- 日本，京都府绫部市
- 1965年生，日本作家。"半农半X"生活方式概念提出者。

1. 盐见直纪与家人在故乡绫部种植稻米。

永续型生活

"半农半X"是盐见直纪在30岁时提出的生活方式概念，是指以"永续型"的简单生活为基础，并从事发挥个人天赋的工作。具体来说就是，亲自进行小规模种植，获得食物用以自给自足，同时从事社会工作，以此与社会保持紧密的联系。

"半农半X"不仅是一种生活方式，也是一种价值观，它诠释了环境、社会、人与人之间彼此分享的关系。盐见先生在著作《半农半X的生活》中，详尽记录了"半农半X"实践者的案例，将他们的实践经验和心得体会忠实再现，试图通过这些真实案例，让更多人获得启迪，找到自己的社会职责，并探索出真正适合自己的生活方式。

日本厚生省[1]在战后尝试进行"营养改善运动"，试图用西方的饮食方式来改善日本人的体质。此项运动取得了空前成功。很快，日本人的餐桌被西式饮食结构占领。面包、肉类、牛奶取代米饭、鱼类和腌菜，进入寻常人的厨房中。

西式速食凭借快速、量大和低价优势占领市场，迅速完成了全球化扩张。速食虽标榜"食材新鲜"、"营养搭配"等，却用各式精加工来掩饰食物本身的不足。人们分明清楚吃速食有害健康，却又中毒一般地沉迷其中。这种现象的产生与人们对饮食认知不足、味蕾品味退化等原因密切相关。"半农半X"的"半农"部分，并非仅指农作物种植，长远意义上来看，"半农"部分是指希望人们可以感受自然，并在这个过程中提高对饮食的认知。

---

[1] 原日本政府部门之一，设立于1938年。2001年与劳动省合并，改组为厚生劳动省（Ministry of Health, Labour and Welfare）。

WithEating 08

interview

塩見直紀 ｜ 半农半X的永续理想生活

三里四方，身土不二

"早餐有白饭和味噌汤就足够了，配点渍物（腌菜）也不错。"联系盐见先生时，他笑着对我说。这种汤和饭的搭配，被称为"一汁一饭"，典型的日式粗茶淡饭，简单朴素，却不乏舒服的味觉体验。

盐见先生在自己的故乡绫部种植稻米，也会亲手制作味噌。他按照古法，将黄豆煮熟，用杵捣碎熟豆，撒上盐和麹，待其缓缓发酵，呈自然粗粒状即可。制作味噌，是盐见先生家每两年一次的重要活动。

对于食材的选择，盐见先生秉持着一个原则：三里四方，身土不二。

来自日本古话"三里四方の食によれば病知らず"。这里的"三里"是指12公里，而"四方"是指步行三小时距离内的范围。也就是说，在自己住处方圆12公里内，或是步行三小时可以到达的范围内的食材，是最适合自己的。"三里四方"同时也强调非时令、非本土的食材只可用来尝鲜，不可长期食用，否则会有危害健康的隐患。同样的解释亦适用于"身土不二"。

这种观念和中国的"水土"之说有些相通之处。

当代社会，生产地与消费地的距离越来越远，未成熟的果实在投入市场贩卖前会被化学物质催熟。消费者无从知晓蔬果的芳香和色泽是否天然。在这样的背景下，盐见先生对"自行种植"的理念更加坚持，这正是遵循"三里四方"和"身土不二"的最好方式。它满足了一定的自给度，保证了食物安全，同时顺应了植物的自然生长规律。

寻找自己的"X"

自"半农半X"观点提出后，很多人来到绫部，通过体验耕作净化心灵，在逐渐清减的欲望中接近真实的自己，探索属于自己的"X"。

这里的"X"是指天赋。盐见先生常与实践者们交流，记录每个人在探索过程中产生的困惑。这种探索是"内循环式"的，他建议实践者将自己想象成一间"研究所"，需要攻克问题，验证真相。这样的思考方式会诱发使命感，让思考过程更具象，也更容易深入。

现代都市中，创新与发展刺激着人们的好奇心。越来越多的高科技产品为生活提供便利，相对地，人与自然的交流愈发生疏。人们习惯了舒适，逐渐丧失了"生活自给"的能力，渐渐连同"梦想自给"的能力也逐渐减弱。"半农半X"为我们提供了一种生活方式的可能性，若能够在这种方式下实现平衡，自然与社会或许可以双赢发展。

1. 绫部的春与冬。
2. 盐见直纪著作《半农半X的生活》。
3. 盐见直纪与前来绫部探索"X"的实践者。
4. 制作味噌，是家里每两年一次的重要活动。

谌淑婷

有田有木的台湾新农

△ 李晓彤 | interview & text   △ Satsuki | edit
△ 黄世泽 | photo courtesy

"用双手亲自为爱人和孩子种出一碗饭、一盘菜，还有比这更温暖更健康的吗？"谌淑婷曾任台湾《国语日报》的文字记者，因为主要报道社会新闻，久而久之，在儿童成长、家庭关系方面的观察有了独特的视角和敏感度。一次偶然的机会，谌淑婷与正在筹备"新式农业发展书籍"的蒋慧仙结识，两人决定结合各自所长，以"农村里的家庭"为主题，采访在台湾农村里以"自给自足"方式生活的十个"新农"家庭。

将家庭、农业、自给自足三者结合的报道视角，在台湾没有先例，从海量信息中筛选合适的采访对象是首要环节。采访对象需要满足的条件是：有长时间的城市生活经验，并且在年轻时归农。特别强调的一点是"年轻时归农"，不包含退休后"回乡归田养老"的情况。与此同时，谌淑婷迅速确定了内容结构：以采访对象的"农家生活"为主轴，以家庭教育、饮食烹饪为副线。

前期准备就绪，谌淑婷与时任摄影记者的丈夫一起动身，前往受访对象所在的村子。她们在田间乡下，认识了光爸、彩云、绮文、吉仁、波哥、淑玲、阿硕、小绿……这些辛苦劳作的人，深知务农维生不易，却始终坚持信念，尊重自然与土地，用自己的双手生产食物，让自己和家人身心自足，同时也不经意间影响着局部农业，进行了一场温柔的农业革命。

谌淑婷：

中国，台湾

作家、报社文字记者。专注于儿童、家庭、农业环境方面的报道。曾出版书籍《有田有木，自给自足》。

食帖：采访时看到的"新农"是否与想象中的一样？

谌淑婷：虽然身为记者各处采访，但都局限在城市里，真正深入农村，才能体会到如今的农村生活和固有印象中的差异。"新农"与传统农民的最大区别，在于他们拥有城市生活的经历，他们善用网络进行销售，争取到合理价格，降低了遭到批发商压价的可能性。他们也会进行预约订购、计划生产的方式，将农损减至最低。还有人标下政府的案子，进行农村的社区再造计划。

食帖：这些新农当中，让你印象最深的是谁？

谌淑婷：应该是云林的阿硕夫妇，他们是2014年台湾农博会的代表。这对夫妇年龄三十岁左右，借助政府开设的"农业课程与温室补助计划"，集中种植蜜瓜和小番茄，通过研究提高作物的质量和产量，同时利用网络自产自销，得到了很好的销售价格。

食帖：看来懂得"自产自销"是新农的突出优势。

谌淑婷：灵活掌握传统产销通路，同时勇于尝试，开拓新的销售渠道，是新农的优势所在。他们当中的很多人拥有高学历，懂得如何设计包装，如何制定营销策略。台湾的大米价格很低，在超市购买有时比自己种植还要便宜。但是很多新农希望孩子能亲眼看到每天都在吃的米从何而来。为此，他们愿意抽出时间，为家人种植无农药化肥的稻米。

食帖：谈谈你对台湾农业发展现状的看法。

谌淑婷：我认为台湾农业会持续朝两极化发展。一是极度扩张的企业化农业，讲求规格、标准化与收益；一是多元小农文化，讲求自然农法、有机耕作、秀明农法、无毒农业等，以自己认同的耕作方法实现人生价值，而非单纯追求最高利益。

1. 台南佳里，杂粮栽培工坊的耕作分享课程。

2. 苏灿荣、碧春、榆涴、维铠一家，在台南佳里种植杂粮与水稻。

3. 宜兰县员山乡，廖德明与馥行的小儿子恒昕，在自家水稻田里玩耍。

4. 恒昕的宠物不是猫或狗，是四只鸡。羽毛上黑斑最多的是"莱尔富"，毛色偏黄的是"巧克力"，偏白的是"小黄"，最后一只是"啾啾"。

5. 宜兰县冬山乡，许绮文与儿子赖頩带着刚割下的杂草，准备回家做堆肥。

6. 苗栗湾宝，洪江波与淑玲的小儿子琦琦，跑到曝晒的谷堆里玩捉迷藏。

7. 苗栗南庄乡，光爸、彩云和五个儿女的晚餐时光。

1. 提起竹篮,光爸到屋旁采收之前随意种下的地瓜叶,作为午餐。

2. 比起路对面邻居家整齐的释迦园,罗杰的农地显得杂草密布如荒田,其实这是为了保持土壤湿度、温度、松度的"刻意"做法。

3. 台东三甲,罗杰和家人一起打理"混种果园"。主要出产凤梨、释迦、甘蔗、丝瓜等。

4. 洪江波与淑玲的大儿子德润喜欢做饭,不同于妈妈的家常菜,他常翻读食谱书,学习些新式料理。图中的烤海鲜饭和蔬菜春卷,是他亲手为家人准备的周末大餐。

1	3
2	3	4

看到这些具备商业经营头脑并友善环境的新农代表,谌淑婷与丈夫开始重新审视自己的生活。他们也曾考虑加入,成为新农的一员,甚至特意为此学习了半年的农业基础课程。在探索的过程中,他们发现:当下进行种植的人实在太多,土地所需的农民数近乎饱和。

对农民来说,当下迫切需要的其实是销售渠道,农民并不清楚自己的这些心血菜通过怎样有效的途径进行顺利销售。夫妻二人立刻着手,开设了一个友善小农销售的平台,每月两次为社区内 30 ~ 50 户家庭订购米、蔬菜、调味酱料等等。他们以合理的价格,提供可以保障消费者健康安全的食材。

时至今日,谌淑婷仍与受访家庭保持联系。三年过去了,这些新农家庭拥有了更高的知名度,他们的产品变得"一米难求"。然而值得欣慰的是,这些新农家庭依旧在高度的满足感下生活,幸福充实。谌淑婷期盼,社会能够一直有农田、有农村、有农民。农业最终成为广受尊重,人人乐意选择的行业之一。

任长箴

京郊的大棚小院

△ 李晓彤 | interview & edit △ Satsuki | edit
△ 毛毛 | photo courtesy

北京东郊某村，有座小有名气的"大棚"小院。之所以称为"大棚"，是指朴素的院子中，有间百米见方的塑料棚，里面种着四季时蔬。导演任长箴，是这座院子的主人。

任长箴对"种植"这件事有特殊的好感，这大概与她从小住在一楼的房子有关。身处一楼，接地气。父母在室内室外种植各类小植物，时间长了，她便习惯了被花草植物围绕的环境。

某次，她去拜访一位朋友，发现房间里空荡荡，她打量着周围，对朋友说：
"你这工作室，缺植物。"
"那添什么呢？要花多少钱？"
"花不了太多，给我五百元吧。"
"那我给你六百元。"
"正好，五百元买植物，剩下一百元当运费。"

自家种的大蒜，个头小，蒜皮蒜瓣包裹得紧，较难剥皮，但炒菜特别香。

任长箴：

- 中国，北京
- 纪录片导演、电视编导。毕业于北京广播学院电视编导专业。代表作品《舌尖上的中国》《原味》等。

WithEating 08

interview

任长箴 ｜ 京郊的大棚小院

◇◇
翻修小院，整理土地
◇◇

经过多年忙碌的拍摄工作，任长箴决定在郊外建造一座自己的院子，同时完成自己的种植梦。脑中构思得很完美：坐标位于京郊的小村子，拥有一个内部装修得有格调的小屋，屋外有一座种满蔬菜的大棚，一个干干净净的小院。然而当实际着手去做时，却发现并非如想象中那样简单。

经朋友推荐，任长箴找到并租下现在的小院。小院的位置距市中心较远，靠近北京与河北的交界。刚租下时，院子四周有些荒凉，院内的大棚只剩一个锈迹斑斑的框架。她和朋友们经过详细规划设计，对小院进行加盖装修，一番工程下来，院子的样貌全面升级。

院子翻修完毕，开始整理大棚。有农作经验的朋友提醒说，大棚下的土壤并不适合种植。当初为了建造房屋，整片土地被"硬化"过。底层是土壤，上面覆了水泥和沥青。后来房屋被拆，水泥沥青被翻出来，与土混合在了一起，土壤被彻底污染了。为此，任长箴和朋友们对土壤进行改良，将上层土壤筛出来运走，将下层未被污染过的土壤翻出整理。

好在最终翻修效果比计划中的更好。屋外是简搭的大棚，内植蔬果；小屋内，是家也是工作室，装修考究。周末或假期闲暇时来此小住，悠悠然早起，去棚里摘些蔬果，准备一顿简单健康的饭菜，享受一刻难得的清静安宁。

1. 任长箴在京郊的小院和她的爱犬。

回报无穷，种因得果

耕作要心存敬畏，种植并非易事。从零到一的过程，任长箴自己研究摸索了很长时间。

种植初始，遇到的最大难题是"掌握肥料的用量"。由于缺乏经验，前几次的肥料施得不均匀，有些蔬果苗被过量的肥料"烧死"，另一些则缺乏营养，长得良莠不齐。各方请教后，任长箴开始尝试"鸡粪有机肥"。将农家的鸡粪收集起来，经过阳光曝晒，腐熟发酵后，鸡粪中的寄生虫和病菌被"灭活"，方可成为种植作物的基肥。

北京的春天异常干冷，土壤被冻得梆硬。为了让空气进入土壤，任长箴自己将整片地翻一遍，同时撒上薄薄一层生石灰为其消毒。生石灰消毒这个窍门，是在拍摄《舌尖上的中国》第七集时，主人公张贵春告诉她的经验。

第一年种植番茄不得法，不知道番茄是搭架而生，因此那一年的都长成了"匍匐状"。收获时，只能弯腰低头，遍地翻着叶子找果子。第二年搭起了高架，茄藤沿架生长，顺势长到了大棚顶。

付出了辛劳，结果令人欣喜，各类蔬果收获颇丰。比如玉米，因为收成太好，自己吃不完，只能拿去四处送人。丝瓜的收成也不错，快递小哥登门揽件时，任长箴热情招呼："来，给你三根丝瓜，拿去吃吧。"

"种植证实了一个真理：回报无穷，种因得果。"

种植是单一法则，种子下地，没有开花结果，一定是方法出了问题，那么接下来只需要寻找正确的方法即可，有劳作，便有收获。而我们日常生活，是多重法则，付出努力，未必会获得认可。

很多人向往半工作半种植的生活方式，是因为人们离不开现实社会，但内心却需要慰藉，需要简单的自然法则来证明质朴生活的存在。

自家种的大蒜，个头小，蒜皮蒜肉包裹得紧，较难剥皮，但炒菜特别香。

食帖：是否觉得自己亲手种的东西更好吃？

任长箴：除去心理因素，客观来讲，与市面贩售的相比，自己种的蔬果，味道确实不一样。超市里的黄瓜味道寡淡，自己种的黄瓜有很浓的清香味。主要是因为没使用商业化肥，蔬菜成长周期长，符合自然熟成规律。自己种的丝瓜很甜，随便拿两根来炒，放点盐调味就可以了。自家种的大蒜，个头小，蒜皮蒜肉包裹得紧，较难剥皮，但炒菜特别香。

食帖：一直强调的"种因得果"，具体是指什么？

任长箴：万事没有不劳而获，都在遵循"种因得果"的规律。去超市买菜的行为不是"种因"，是单纯的消费。顺应植物的脾气秉性，施肥浇水，投入情感，方是"种因"。植物受到照料，给予相应的回馈，是"得果"，而且回馈往往会超过你的付出和预期，让人萌生感恩之心。

食帖：请给跃跃欲试进行"半农"生活的朋友一点建议。

任长箴：自给自足是许多人的"理想"生活方式，但是大家似乎只把焦点放在远离喧嚣，悠然田居的一面，忽视了背后的付出与牺牲。建房、租地的成本远高于蔬果的收获；种植也需要耗费大量时间和精力。当我晒大棚图片时，朋友们会留言说"又去了，又不告诉我"。大家很想去玩，但那里的生活，真的不像想象中那么轻松。小院所在地区的水质不好，只可洗手灌溉，不能直接饮用；没有供暖，冬天特别冷。总之，生活起来远不如城市中舒适便利。自给自足的生活并非如想象中完美，充分了解，提前做好预期和规划，是最重要的事。

1	
2	3

1. 丝瓜的收成不错，快递小哥登门揽件时，任长箴热情招呼："来，给你三根丝瓜，拿去吃吧。"

2. 大棚的常种菜：西葫芦、豆角、茄子、丝瓜、番茄等。

3. 大棚中白菜丰收。

苏恩禾

回到故乡，
做自己力所能及的事

△ 李晓彤 | interview & text　△ Satsuki | edit
△ 苏恩禾 | photo courtesy

上班或不上班都只是个人的选择，
自由和理想也是内心给予自己的，
能够乐在其中并承担自己所选择的就好。

By 苏恩禾（2014年）

北京城东一隅，曾隐藏着一间私厨小馆，被朋友们唤作"天使"的苏恩禾（以下简称"恩禾"），主理这间厨房的大小事。当初的烟火缭绕、温馨谈笑、饭菜、面包、茶浓酒香，如今已不再，只有当初感受过的人，会在心底默默惦念在那里经历的短暂时光。

厨房一隅，架上的瓶瓶罐罐，储存着自制的特殊调味料。

苏恩禾：

📍 中国，安徽

— 在北京从事广告文案十年，2013 年年初辞职，开设了一间周末对外预约开放的小厨房"查查厨房"，2015 年结束厨房实体店，回到故乡安徽。

平凡也是福气

1. 苏恩禾在家乡泾县的住处。

2. 书架上的一块区域，属于料理类书籍。

1	1
1	2

来到北京生活的第六个年头，恩禾辞掉之前从事的文案工作，开了间名唤"查查"的小厨房。若非这份选择，她或许便不会有时间清静下来，思考自己的人生方向，萌生之后"回家"的决定。

选择回家的原因，一方面是挂心于独自生活的母亲，想伴其左右。另一方面，过去两年小厨房的生活，让她有时间充分思考自己未来的人生方向。

成年后在外游学，身体与心灵的成长，都是在城市中完成的。城市生活有其魅力，多元、便利、热闹喧腾。尽管拥有一份热爱的工作，身边环绕着一群挚友，但是内心深处，一直潜藏着疑问与不安定感。这份疑问并不能用奔赴北京的初心来解答。恩禾知道，留在城市与归乡这两者之间，无所谓对错，只是选择。她决定给自己一年的时间回乡思考，作为缓冲期。

恩禾即刻动身，去泾县周围的乡下寻找房子，同时估量小厨房继续做下去的可能性。可惜奔波往返，没找到合心意的住所。乡下的房屋，要么是纯木结构的老房子，搭建于几十年前甚至百年前，需要一笔不小的翻修费用；要么是新盖的小楼房，基本用于自住，并不出租。一来二去，恩禾的"乡村生活计划"暂时搁置下来。

"完全式"的乡村生活受到阻碍，恩禾退而求其次，先暂时住到县城里。简单翻修了家里的老房子，摸索新的生活节奏，日子渐渐步入正轨。总体而言，恩禾满意自己现在的生活状态。回顾在北京的那些年，因为天气干燥，每逢春秋两季，严重的过敏症令她困扰。如今回到湿润的南方，这些换季病症也随之消失了。

恩禾是情绪敏感纤细的人，习惯记录生活中的小细节。网络上可见一些她拍摄的日常照片，透露着自然、静谧的生活气氛。她说自己会被细小的日常打动，并从中获得幸福感。吃到新鲜的应季蔬菜，被太阳晒着闲适地晾衣被，看到院子里的香草疯长，这些平凡在她眼中，皆是福气。

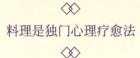

料理是独门心理疗愈法

"小院子"是恩禾现在生活中的重要存在。因为喜欢下厨,她在里面种了不同种类的食用香草:迷迭香、百里香、香茅、罗勒、薄荷等。其中罗勒的品种尤多,甜罗勒、紫罗勒、肉桂罗勒、柠檬罗勒,常用的品种栽种了大半。

母亲家亦有一个小菜园。回家后的第一年开春,恩禾和母亲一起种了番茄、南瓜、秋葵和茄子。但由于雨水频繁,南瓜的收成不太好。初次种秋葵也遇到了困难,前后播种了两次,第一次在清明播种,由于气温不稳定失败了,第二次在四月中下旬播种,成功长出了二十多棵幼苗。从朋友那里得知,秋葵幼苗容易被蚜虫吃掉,需要每天早晨检查,发现虫卵需要及时洒水清理。

回家乡以后,偶尔会有旧友千里迢迢赶来探望。恩禾会用小院收获的食材,为他们烧一桌好菜。朋友们点赞最多的是"恩禾牌"红烧肉和梅汁排骨。恩禾习惯一个人认真地生活,料理是发自肺腑喜欢的事情,她每天做饭,从未感到过麻烦。恩禾说:"料理是我的独门心理疗愈法。"

食帖：你对料理的热情异乎寻常，缘起何处？
苏恩禾：主要是受到父亲影响。他的料理技术了得，做得一手好菜。在家里吃惯了好吃的东西，会自然萌生出"自己也要做出这样的味道"的想法。小时候，总喜欢待在厨房写作业，可以一边闻着饭菜香，一边看着父亲做菜的样子，现在回忆起那个场景，依旧会心生欢喜。

食帖：看你的院子里种了很多香草，种香草有什么技巧吗？
苏恩禾：香草是比较好种的，不管是种在地里或者是阳台上都很好打理。土壤方面，排水良好、肥沃的砂质土壤或腐殖质土壤为佳，浇水原则上是不干不浇，不过每种植物都有自己的特性，季节也是因素之一，这个还是需要自己慢慢去积累经验。它们对肥料需求不高，使用平常给蔬菜施肥的肥料就可以。

<u>罗勒的种植贴士：春天播种／全日照／择排水性良好的肥沃土壤／发芽温度25℃左右／直播即可。</u>

1. 有朋自远方来，恩禾下厨做了一桌子饭菜。
2. 恩禾自制的特殊调味料。

食帖：回到家乡后，如何继续经营自己的事业？
苏恩禾：现在的我，和原来的职业暂时告别。目前主要打理"查查厨房"的网上商店，卖一些自己做的果酱、渍物和果酒等。做这些事情需要紧跟季节的脚步。八月黄桃时节，大半个月的时间，我都在熬果酱。后来是嫩姜季，我便开始做紫苏嫩姜，因为食材上市到下市也就那么多天，所以工作的时间也相对集中。空余的时间，我会看看书，偶尔去花市转一转。

食帖：了解你的故事后，很佩服你的勇气，也羡慕你的生活方式。那么你自己如何定义"理想的生活方式"这个概念？
苏恩禾：所谓理想的生活方式，并非是给自己强行设定的某种状态。很多时候是走着走着，才发觉这个状态是自己想要的。随着年龄和阅历的累积，人处于不同的阶段有不同的想法，实现了某个状态又会萌生下一个，因此对于最后结果，也并不需要过分执着。在理想与现实交织的世界，理想的生活方式当是一种不停探寻的过程。

食帖：现在的状态有达到最终理想吗？
苏恩禾：我脑海中勾勒的终极理想生活，是在乡下有一座小房子，一小片地，种植蔬菜，养些鸡鸭。现在距离预想的生活状态还有一段距离，但是不着急，慢慢来，总会实现。在此之前，做好力所能及的事情就好。

Basil Cheese Rice Ba

罗勒奶酪梅子饭团

Basil Cheese Rice Ball

⏲ 20 MIN　　🍴 FEEDS 2

食材

新鲜紫罗勒 1把
新鲜煮米饭 适量
奶酪 适量
梅干 适量

调料

梅子露 2大勺
熟芝麻 适量

做法

STEP [1]
在煮米饭里拌入奶酪，米饭的温度刚好可以让奶酪融化为宜。

STEP [2]
将紫罗勒切碎，梅干稍撕成小块，与梅子露、熟芝麻一起拌入米饭中。

STEP [3]
双手洗净，将拌好的米饭慢慢握成饭团即可。（手边放一碗清水，米饭粘手时可少量蘸取。）

剩饭的解决之道。紫罗勒的异香、奶酪的浓郁、梅子的酸甜，搭配烤饭团，吃着吃着，就停不下来。这是一款适合早餐、主食、午茶的经典小食。

By 恩禾

Tomato Soup

番茄浓汤

Tomato Soup

⏱ 20 MIN   🍴 FEEDS 2

食材

番茄 6~8个
大蒜 1头

调料

黄油 1大块
海盐 适量
水 适量

做法

STEP [1]
将大蒜压成蒜泥备用。

STEP [2]
将番茄洗净，顶端划十字，放到锅里，加水煮开后剥去外皮，切成小块备用。

STEP [3]
小火熔化黄油，放入蒜泥，煸炒至呈金黄色。

STEP [4]
放入番茄，翻炒几分钟，加足量的水，煮沸后转小火，继续炖煮一个半小时左右即可，出锅前用盐调味。

一款经典的百搭汤底。可依照喜好，添加鱼、虾、肉、蔬菜等任意食材，使其变身为酸汤火锅、泰式酸汤等。今天的厨房里有手打牛肉丸、凤尾菇和紫米线，只需相应地以鱼露、辣椒简单佐味，去小院子里摘一把柠檬香茅，就可以端出一碗味道浓郁的泰式酸汤米线。

By 恩禾

陈统奎

再造故乡，另一种自给自足

△ 张奕超 | interview & text　　△ Satsuki | edit
△ 陈统奎 | photo courtesy

"土地始终是我的信仰。"
"小时候，家里的全部收入，都是从地里长出来的。黑豆、黄皮、芝麻、荔枝……没有土地，全家只能挨饿，我也不可能有机会出去上大学。"

"现在呢？"
"现在是事业，是精神归宿。"
"回到家乡最大的幸福感，就是可以待在自家房子里，呼吸富氧的空气。我依赖土地，因为根在这里。"

因为职业习惯，陈统奎对文字的细微差别一直保持敏感，自己的微信名是"半农半社会起业家"。他不认为自己是个农民，因为目前并没有亲自耕种，而是一位身处乡村的创业者，故而用了"半农"。问他为什么说自己是"起业家"而非"企业家"，他说因为自己正处于"起来"的阶段。盖民宿，销售家乡的农产品，再造故乡，这件事正在从零到一的过程中。

"花梨之家"民宿。

陈统奎：

中国，海南省博学村

毕业于南京大学新闻系，曾任时政记者，全国返乡论坛发起人。

◇◇
自下而上的重塑
◇◇

2008 年，陈统奎读到一本书，西村幸夫所著的《再造魅力故乡：日本传统街区重生故事》。书中介绍了十七个传统街区的历史保护和社区营造，给予他很大启发。"再造故乡"，也成为陈统奎后来在家乡海口市博学村的工作主题。

2009 年，陈统奎去台湾参观桃米生态村，那曾经是个落后的"垃圾村"，其时却已成为台湾的一个新文化符号。1999 年，台湾的一对记者夫妇廖嘉展和颜新珠，开始带领村民对该村进行系统性改造，打造"青蛙共和国"主题。经过十年的社区营造，桃米生态村每年能吸引超过 50 万人次的游客。

"在台湾，他们把当地的青蛙、蝴蝶、独角仙等保护得很好，发展休闲观光旅游和品牌农业。他们建民宿，提供有机饭——其实也就是我们的农家饭，但往往不便宜，还售卖凤梨酥、梅子酒和地瓜酥等商品。"

日本的书本经验和台湾的实际案例，令陈统奎开始思考，既然它们都可以，那家乡博学村也可以试一试。博学村位于火山口地区，全村 60 户人家，300 多人，曾经的人均年收入，最多只有 3000~4000 元。陈统奎是村子里"读书改变命运"的典型，2001 年考上南京大学新闻系，进入城市工作生活。而村中的大部分人，依旧过着靠天吃饭的日子。

1. 喝泉水、吃青草长大的放养鸡。

2. "转型自然农法"的荔枝要求不用除草剂、不用化肥，只能使用低度低毒农药。

3. 博学村的荔枝园。

	1	
2	2	3

"再造故乡"最开始的困难，源于村民的不理解，日子过得风平浪静，为什么要改变？有没有风险？连父母也不理解他。陈统奎一边做记者，一边搞社区营造，后来干脆辞掉了记者工作，一心一意当"返乡人"。

他做的工作很"接地气"，先领着村民挖水井、修水塔、建立灌溉系统，解决基础设施建设问题；同时也做文化建设，办山地自行车赛、夏令营，组织村民进行培训，与台湾民宿主人互相交流。受台湾桃米村的"青蛙共和国"启发，陈统奎也给博学村起了"蜜蜂共和国"的名字，让大家知道，这里有蜜蜂，产蜂蜜。

回乡的原点

五年前做记者时,有位同事问他:"全国都在城镇化建设,而你却自己搞返乡,有什么用呢?"虽然承受着质疑与不理解,陈统奎还是在2012年发起全国返乡大学生论坛,推动毕业学生回家乡创业。

"乡村的凋零与破败,已经形成了整体社会的焦虑。乡村寄托着许多人的情感,乡村没有了,我们的'根'也没有了。"

像陈统奎一样,在外读书,事业有成却返乡创业的,目前仍旧是少数人。"乡村的收入、文化、交通、生活习惯等,对已习惯城市生活的人来说,挑战很大。在台湾,很多返乡男青年都找不到对象,在大陆也是。我认识一个河南的朋友,研究生毕业回到家乡做电商,就被人笑话,说他在城里找不到工作,也没有对象,跑回家还是没有女孩子看得上他。"

"还有一次,我去日本绫部拜访盐见直纪先生时,他说曾经有一个漂亮的女青年返乡到了绫部,结果绫部突然多了好多返乡男青年,都是为了追求她(笑)。"从这个角度讲,我们也希望更多女孩子可以回到家乡。在山清水秀的家乡谈恋爱多浪漫,对吧?

实现理想,顺便赚钱

陈统奎目前的工作重点,是农业项目"火山村荔枝"。他与村里12户荔枝果农合作,收购他们种植的荔枝,再通过电商渠道售卖。陈统奎坦率地承认,理想状态下,荔枝应该是"三无产品",即无农药、无化肥、无除草剂。但是目前不可能一步到位,只能要求果农先不用化肥和除草剂,允许使用少量农药。

陈统奎称之为"转型自然农法",即过渡到"三无产品"的中间状态。他成立"产销班",与合作果农一起交流和学习荔枝种植与营销。出品的荔枝需检测农药残留等指标,合格了才能卖。

"最大的压力是除草剂。只能人工拔草,这里雨水多,草长得快,必须拔得很频繁。但因为我们提高了收购价格,所以多了劳动力,农民还是很有动力的。采用这种方法种植的荔枝口感更好,也更容易保存。"

目前的种植方法,是陈统奎和果农们学习台湾种植方法,又结合当地环境特点而敲定的。台湾当地用了套袋方法,但套袋会导致坏果很多,最后也没有采用。"还有很多技术的瓶颈,真正实现完全无农药、无化肥、无除草剂,至少需要 10 年时间。"

◇◇ 另一种自给自足 ◇◇

陈统奎老家的院子里有几棵五十年以上的大花梨树。新盖的民宿里也种植了不少十年左右的花梨树,因此得名"花梨之家",坐落在一大片荔枝林里,周边是很多未经开发的原生森林。"我家离火山口只有 4 公里不到,它是个活火山口,不过已经睡了八千多年。村里的土地很肥沃,山鸡都是吃着火山的草,喝着火山湿地的泉水长大的。你随便踢到一块石头都是火山石。"

陈统奎说他在实践的,其实是广义范畴的"自给自足"。自己目前的身份是倡导者和组织者,需要去和人打交道,连接各方社会资源。他希望自己退休的那一天,可以真正回到土地,亲手种几株荔枝,静静等待它们成长。

1
2
3

1. 陈统奎带领博学村村民筹建的山地行车道。

2. 陈统奎的家乡,海南省博学村处于火山口地区,全村 60 户人家,300 多人。

3. "花梨之家"民宿。

Litchi Chicken Soup

荔枝干炖鸡汤

Litchi Chicken Soup

180 MIN　　FEEDS 2

食材

无核荔枝干 80 克
火山雄鸡 1 只
生姜 60 克

调料

水 1250 毫升
盐 适量

做法

STEP [1]
将鸡洗净切块儿，可根据个人喜好去头、尾。

STEP [2]
荔枝干剥壳、去蒂，生姜洗净。

STEP [3]
将各种配料及鸡块放入汤锅，注入清水。

STEP [4]
慢火炖两个半小时，出锅前加盐调味即可。

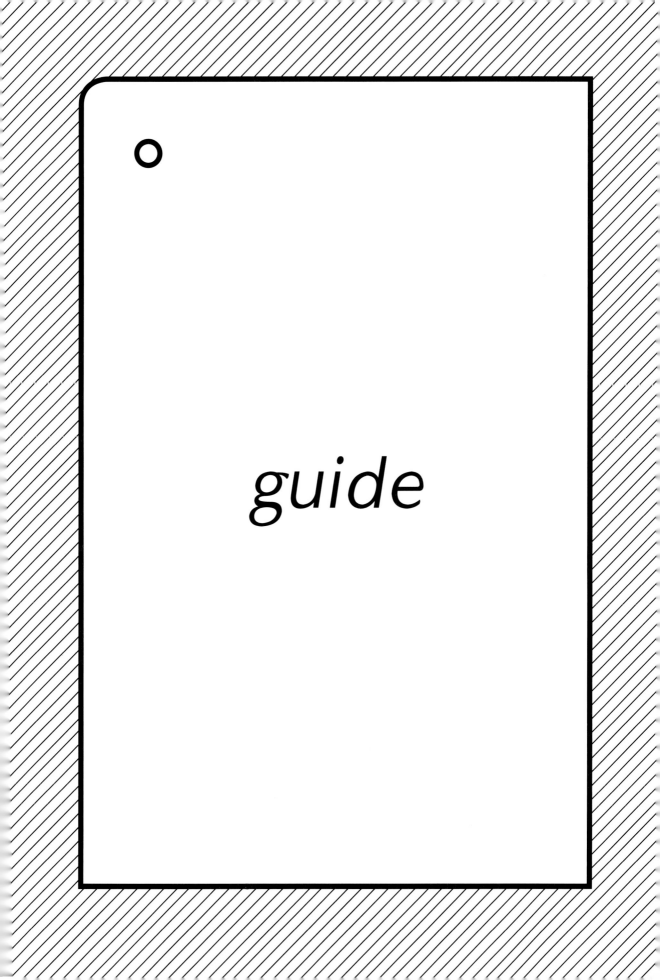

WithEating 08

GrowUp Box

鱼菜共生，
集装箱里的城市农场

△ Kira Chen | text △ Lilac, Satsuki | edit
△ Special thanks to Anna Bromwich

Kate Hofman:

- 英国
- GrowUp Urban Farms 创始人兼 CEO。曾是一名管理顾问，于 2013 年辞去工作，建立 GrowUp 城市农业项目。

Tom Webster:

- 英国
- 曾任职环境顾问工作，目前负责 GrowUp 的农场建设。

What is GrowUp Box？

　　GrowUp Box 是运用鱼菜共生（Aquaponics）系统理论，结合水产养殖（Aquaculture）和水培种植（Hydroponics）的可循环养殖系统。

　　"凭自身力量改善自然环境"，怀着共同的梦想，Kate Hofman（凯特·霍夫曼）和 Tom Webster（汤姆·韦伯斯特）在伦敦相遇。

　　2013 年，以自给自足的鱼菜共生理论为基础，他们共同创立了 GrowUp Urban Farms。从最初在集装箱里建成 GrowUp Box，到如今筹集到百万英镑，建成伦敦首座鱼菜共生的大型农场，他们将梦想一步步变为现实。

　　GrowUp Box 是用集装箱改造而成的迷你农业系统，分为两层。上层以水培方式种植蔬菜，下层则用来养殖淡水鱼。下层养鱼的淡水可以循环到上层蔬菜的水培基中，通过精确计算的鱼和植物比例，水中鱼类的排泄物可以为植物提供足够养分，同时也使水得到净化。净化后的水再被运回到下层，为鱼类提供淡水环境。植物全部采用无土栽培，不需要额外的肥料和农药，是一种环保的新型封闭式循环养殖方式。

　　Kate 和 Tom 掀起的城市农场革命，获得英国多家媒体报道，甚至吸引来英国安妮长公主到访。现在，加入这个项目的人越来越多，他们希望将"鱼菜共生农场"的理念覆盖到整个英国，然后拓展至全球。

　　他们的农场生长出了新鲜健康的植蔬，也生长出了自给自足的可能性。人们能从中品尝到的不仅是人类对于环境的善意，还有一个饱含着不懈努力和美好希望的故事。

由集装箱改建而成的 GrowUp Box，下层养殖淡水鱼，上层则种植无农药无化肥的健康蔬菜。既是展示和介绍可循环农业的模型，也可为当地社区提供新鲜的农渔产品。

(photo. James Oneil)

1. Tom 与团队的环境顾问 Oscar（奥斯卡）。GrowUp Box 项目已吸引越来越多的人加入其中。
(photo. Vibol Moeung)

2. Tom 正在观察蔬菜生长。建立 GrowUp 之后，他很少出现在办公室，大部分时间在农场里记录数据，分析植蔬的生长状况，改进和优化整个系统。
(photo. GrowUp Urban Farms)

3. GrowUp 大型农场设计图。这是一座拥有 6000 平方米种植面积的农场，预计每年生产 6000 千克的鱼和 20 000 千克的蔬菜。
(photo. dRMM)

4. GrowUp Box 的鱼菜共生系统，蔬菜以水培形式栽培，可用自然光作为能量来源，如光线不足，也可用 LED 灯补充。
(photo. GrowUp Urban Farms)

GrowUp Box 的开始

　　GrowUp 项目始于 Kate 和 Tom 最初的构想。因为两人都想做对环境有益的食品生产项目，一位共同的朋友就介绍他们认识。当时 Tom 正在一家建筑开发公司做环境顾问，每天为工业建筑项目的合法化绞尽脑汁，却一直希望拥有一份善待自然的工作。而 Kate 去瑞士参加 Climate-KIC（欧盟"气候变化减缓与适应"知识与创新团体）的课程时，接触到了鱼菜共生理论，立即觉得这就是他们正在寻找的发展方向。这便是 GrowUp 这个想法最初的起源。

　　两人先从组建团队入手。建成的团队包括一位负责将集装箱改造为 GrowUp Box 的建筑师，和一位农场技术人员。之后他们将这个项目发布在众筹网站 Kickstarter 上。在 BOST（Bankside Open Spaces Trust，城市绿化与空地管理机构）的帮助下，他们为集装箱确定了放置地点：一个废弃的停车场。众筹持续了 1 个月，等资金募集完毕，他们就建立起了第一个鱼菜共生的 GrowUp Box。

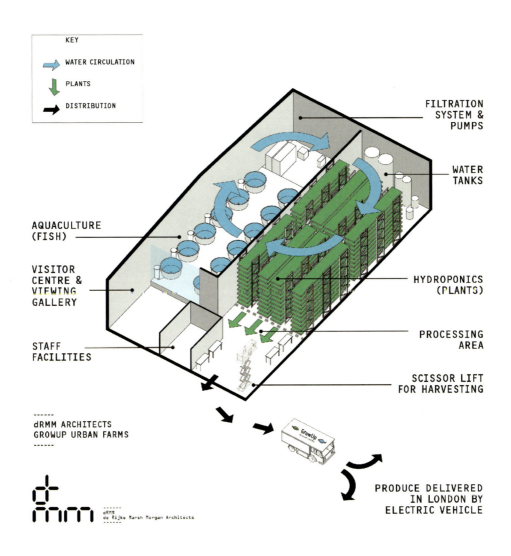
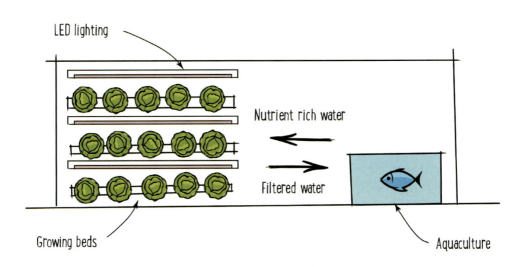

WithEating 08

guide

GrowUp Box | 鱼菜共生，集装箱里的城市农场

128

理想的自给自足系统

近期，GrowUp Urban Farms 获得了一百万英镑的投资用于建立大型农场，不久将投入运作。这是一座拥有 6000 平方米种植面积的农场，预计每年可生产 6000 千克的鱼和 20 000 千克的蔬菜（这意味着超市中 20 万包的袋装沙拉），可以同时供应 80 家餐厅或者 3000 个人。

GrowUp Box 中养殖的鱼类是鲤鱼，因为鲤鱼喜欢生活在温度较低的水中，非常适合英国的天气，不需要额外为水加热，可以节约能源。大型农场中则养殖罗非鱼。它们更喜欢大批群居，控制它们的水温也比较容易。

蔬菜种植方面，现在主要生产绿叶香草和蔬菜，比如罗勒、芝麻菜、瑞士甜菜、水菜、生菜和豌豆苗等。它们脆弱又容易腐烂，超市中售卖的都经过运输，很难买到最新鲜的。将它们种在城市中，可以尽可能保证其新鲜度。

鱼菜共生可以说是一个"自给自足"系统，并不需要专业人员指导。GrowUp Urban Farms 还将集装箱作为产品出售，一个集装箱每周可以生产 10 千克的蔬菜，即每年约 500 千克。如果安装了自动喂鱼装置，那么唯一要做的，就是要记得定时收获鱼和蔬菜了。当然，平时也需要定时检查水质和循环系统有无渗漏等。

从建立第一个 GrowUp Box 开始，有超过 300 人通过众筹支持了 GrowUp Urban Farms 的项目。其中一部分人的名字，还被写在了 GrowUp Box 的墙上。GrowUp Urban Farms 还与很多慈善机构和组织合作，尝试解决有关食品生产

1. 豌豆苗（Pea Shoots）
   (photo. Mandy Zammit)
2. 圣罗勒（Holy Basil）
   (photo. Mandy Zammit)
3. 芝麻菜（Rocket）
   (photo. Mandy Zammit)
4. 泰国罗勒（Thai Basil）
   (photo. Mandy Zammit)

或食品浪费的问题。比如近期他们开始为伦敦的 FoodCycle 餐厅提供鱼和蔬菜，该餐厅致力于倡导减少食物浪费和宣传环保观念。

GrowUp Urban Farms 也经常组织社区活动，比如 2015 年夏天，他们邀请很多家庭来参加 GrowUp Box 欢乐日。他们教孩子们播种、识别植物，让城市中长大的孩子有机会思考和发现食物从何而来。他们目前致力于建设新农场，希望它会成为城市农业革命的带领者，将伦敦变为一个更现代化、更具有可持续性的城市。

WithEating 08

Sky Greens Vertical Farming System

将食物种到天上去

△ 张奕超 | interview & text   △ Satsuki | edit
△ Sky Urban Solution | photo courtesy

© Sky Greens Pte Ltd

拔地而起的高楼大厦，在土地资源稀缺的当下，已经是建筑的常态。它们可能是写字楼、住宅区、商场，甚至可能是农场。

充分利用空间与资源来建造农场的概念被称为"垂直农场"，最早由美国哥伦比亚大学的生态学家迪克森·德斯波米尔于1998年提出。他构想出一栋30层高的垂直农场，可以栽种100多种不同的水果及蔬菜，动力能源取自太阳能、风力及不可食用的植物废料，其中的水资源也可循环利用。

1. 黑色"圆盘"是为铝架结构提供动力的"水力驱动系统"。

2. 高度9米的轻质铝结构架子支撑起38层蔬菜，通过循环转动以获得均匀的水分、养分和阳光。

3. 每层植物转动到最低处时，可从水槽中吸收水分和养分。

黄顺和：

新加坡

新加坡华人，天鲜垂直农产系统（Sky Greens Vertical Farming System）发明者。

垂直农场，农业发展新趋势

垂直农场并不仅仅是科学家的疯狂构想，已有多个国家将它付诸实践。美国的Green Sense Farm用6层支架在废弃仓库中种植农作物；日本的Nuvege垂直农场则有4层楼高，用LED照明系统种植生菜；在英国伦敦南部，"二战"留下的防空洞被改建成地下农场；一座名为空气农场（AeroFarms）的室内垂直农场计划采用气栽法（使植物在富含营养的气雾中生长）种植蔬菜，2015年正式在美国破土动工。

机器人、传感器、电脑控制……诸多科技关键词在这些垂直农业项目中出现。随着首届垂直农业协会（AVF）峰会2015年在中国召开，垂直农场似乎已成为眼下炙手可热的农业发展趋势。但是，高新技术加入后带来的成本提升，始终是垂直农场发展路上需要面对的一个问题。

全球首家商业化垂直农场

　　回到垂直农场的本质——为土地资源日益稀缺的城市，提供"自给自足"的食物。在寸土寸金的新加坡，蔬菜有90%以上从中国和马来西亚等地进口。人们对新鲜本地蔬菜的渴求，使得充分利用垂直空间的"天鲜垂直农产系统"（Sky Greens Vertical Farming System）应运而生。

　　天鲜是全球首家实现商业化的垂直农场。在该农场中，9米高的轻质铝结构架子支撑起38层托盘，培养不同种类的蔬菜。养分和水分均来自底部的水槽，每层架子不断旋转，以使蔬菜获得均匀的水分、养分和阳光。水保存在封闭的系统中，一套16个架子的系统只需一个小水泵提供初始动力，便可通过齿轮的咬合和重力作用，推动多个架子的旋转。

　　提供动力的水也用于植物灌溉。由于水力驱动系统是封闭的，水分除了被植物吸收，基本不会流失，相较于传统土地耕作法，能节约95%的水资源。作为动力来源的泵，电力消耗也很小。一个9米高的架子运转所需电量，与一个40瓦灯泡耗电量相同。设计此套系统的工程师，是今年53岁的新加坡华人企业家黄顺和，他也是该农场的创始人。

我们不上去，就让植物下来

黄顺和是工程专业出身，设计"天鲜系统"前曾成功经营一家建筑工程公司。抱着老来回归田园的兴趣和愿望，他到新加坡的一些农场参观，却发现农业并不像自己内心想象的那么轻松惬意，育苗、种植、灌溉、除草，都需要付出劳动。2009年，出于增加耕种的便利性和新加坡土地资源有限这两方面的考虑，黄顺和开始用自家公司现有的材料进行试验，尝试搭建垂直的架子、尝试种菜。在朋友们的建议下，他与新加坡政府的相关机构联系，获得研发基金支持，进一步发展该系统。最后在新加坡林厝港一带建成了占地面积3.65公顷的天鲜农场，并于2012年实现商业化运营。

"我们不上去，就让植物下来。"基于这样的逆向思维，黄顺和将其他垂直农场系统的固定支架改为活动支架。每层植物转动到最低处时，从水槽中吸收水分和养分。农民也只需站在地面上，即可完成种植和采摘。蔬菜的正常生长基本不需要人力投入，在种植和收割时才需要人工完成。目前农场约有1000个架子（高度分为3米、6米、9米几种），每日出产600～800千克蔬菜，只需20～25位工人。

"很多发明家想用复杂的方法解决简单的问题，而我们想用最简单的方法和材料来解决难题。再复杂、再好的科技，如果用了很多编程、电子技术，坏了怎么办？不能指望农民都上过大学、都懂很复杂的科技。如果说系统出了问题，还需要从总部派一个人过去维修，这个成本还不如用来种植蔬菜。"黄顺和说。

这种务实、节约的原则贯彻于农场的多个设计理念。架子结构是普通的铝合金，水在塑料管中运转，整座农场外部结构为钢，屋顶则为塑料材质。农场四面通风，围有金属网以防虫。由于新加坡光照充足、温度适宜，因此农场可完全依靠自然光，无须建成封闭的温室。

"我们现在用的是土培，但系统也能适用于水培。"天鲜系统的灵活性和适应性也很广泛。架子的总高度、每一层的高度、转动速度均可调节，可适应不同地域、不同植蔬的生长需求。

1	3
2	

1. 农村工人正在移植菜苗。天鲜系统中无多余空间，因此杂草基本无法生长，平时无须除草。

2. 蔬菜的采摘、称重、包装直接现场完成，从菜架送上温控运输车，采摘当天即可出现在超市货架上。

3. 奶白菜。

推动传统农业转型

目前天鲜农场主要种植大白菜、奶白菜、小白菜和菜心四种蔬菜，也试验种植其他蔬果。蔬菜主要销往新加坡的超市，售价比市面上其他蔬菜高10%～20%，但是100%整包可食，不像通常在市场买来的菜，回家要淘汰掉10%～20%。"市面上其他蔬菜大部分从马来西亚和中国进口，长途跋涉会导致水分流失，我们的足够新鲜、爽脆、好吃。"

从黄顺和的构想，到建成商业化的天鲜农场，天鲜系统一步步改进，仍在不断完善中。"密集种植也意味着传统农耕的挑战也会密集而至，目前我们也在不断试验和研究。"天鲜农场的下一步是试验搭建电极防虫网，用太阳能板发电，为防虫网提供电流。防虫网孔径和电流的大小、成本的控制，都有待根据实际需求和挑战研制。

天鲜农场的技术也引起国内各地的注意，由于该系统的建设需要综合考虑水、电等技术，目前暂未有个人家庭引用。黄顺和说，如果自己在家种植蔬菜，可以考虑种植不同菜种进行搭配，不但符合饮食要求，也能丰富整个种植系统的多样性和可持续性。此外，也可针对不同季节种植蔬菜。基本上，春夏两季因雨水阳光丰富，可以考虑种植地面上收成的植蔬，绿叶菜类如小白菜、生菜等；秋冬两季因寒冷则可以种植地下的块茎类植物，如红薯、土豆等。南方的夏季和梅雨季节虫害较多，需注意防虫。

"我们希望推动传统农业转型。但在人力和土地价格都不高的时候，人们是没有需求和动力去节约资源，发展垂直农业的。"而未来，世界人口越来越多。在土地、水源、能源都缺乏的情况下，如何更好地利用有限资源，这个系统就是解决方案中的一种。它可以做得很小，让个人种植，实现家庭内的"自给自足"，也可以提供给餐厅、社区、企业使用，为更多群体提供新鲜、安全的食物。

1	
2	3

1. 温控运输车。

2. 目前天鲜农场主要种植大白菜、奶白菜、小白菜和菜心四种蔬菜。

3. 天鲜农场占地3.65公顷，目前约有1000个铝架结构，每日出产600～800千克蔬菜。

山中生活的基础 5 步骤

都市环境喧嚣，生活节奏紧张，越来越多的人萌生起归隐山居的念头。有心人会寻找适合的山村，并决心动手建造家园，一时之间却常常感到千头万绪，无从下手。人们会想寻找一些捷径，比如寻找"易上手的工具"、"轻便的材料"等，为此花费了大量时间金钱，忙得团团转，最终却未必达到预期效果。

事实上，无论选择隐居山林还是返乡归农，首先需要做的事，并非是学习高深的技术，或是配置齐全的装备。而应该先认识和了解自然环境，学习基础的生存技能，同时做好心理建设。

李晓彤 | text
徐婧儒 | illustration

[Step 1] 检查地质

首先，了解房子所处的方位，以及地基所在地的状况，此为重中之重。

从土、木、水的角度来看，山里比城市的湿度高，因此需要进行排湿作业，按照一定的周期进行操作，从而有效防止土地崩塌；

观察掌握所建房屋是否为草木环绕、附近树木是否有枝丫，以保证光源与通风顺畅；

检查附近水流的上游、家庭排水通道有无阻塞，以保障生活质量。

[Step 2] 寻找邻居

选择另辟蹊径，生活在别处，同时具备能够生存下去的勇气和能力，这样的品质并非是人人兼备的。

在独自上路之前，需要寻找正以此方式生活的同类人，尝试与其交友为邻，是迅速进入山中生活的捷径。

从抽象的想象调整到具体的实践操作，有经验者可给予切实有效的建议与指导。

[Step 3] 享受这些生物

....

层层植被孕育着众多生物。草木堆积之地，定有虫鸟。虫鸟过多的话，必然会对生活带来些许不便，然而认识并了解其他生物，享受与各种生物共生之乐，是享受山中生活的必要心态。

事实上，除了固有思维模式下的大型鸟兽、小型昆虫等，我们手工制作出的美味酱菜、腌菜，均是肉眼看不到的微生物所给予的帮助，这亦是生物多样性的体现。生活在山中，偶然发现新生物的存在时会心一笑，是时刻保持快乐的能力。

[Step 5] 心怀敬畏

....

归隐山中，与自然为邻，生活的方方面面都源于自然的馈赠。可持续的生活，需保持诚恳和尊重的心态，与山中的植物、动物友好共生。

[Step 4] 火与循环

....

在山中生活，取火之法也需要避免造成污染，因此选择朴素的自然取火法为佳。

取枯枝藤蔓等自然素材为柴，使生火所产生的炭物均可掩埋于土壤之中，完成取之于山归之于山的自然循环，同时也能实现驱虫、消毒、熏烤食物等妙用。值得注意的是，烧火地点的选取极为重要，切勿在落叶、枯枝堆积处烧火，有引发火灾的隐患，选择有较多石头的空地为佳。

将火烧旺盛的三个关键：
1. 寻找易燃材料（较干的柴火）。
2. 保持空气流通（充足的氧气）。
3. 维持火的温度（保持燃料供给）。

野外可采集的六种常见多用途植物

△ Satsuki | edit
△ Ricky | illustration

[荷花] Lotus Flower

荷花分观赏和食用两大类，原产于亚洲热带和温带地区。中国最早的栽培记载始于周代。荷花根茎（藕）和莲子是常见食材，荷叶可作为辅助食器和药材。荷花在野生环境中较为常见，也可以自己种植。

※ **自给自足用途**：食用、入药。

主要分布地区：温带、亚热带的湖沼地区。
可食用部分：根茎（藕）、莲子、荷叶。

[香蒲] Typha Orientalis

香蒲是水生和沼生的草本植物，喜高温多湿气候，多生于湖泊、池塘、沼泽及河流缓流带。茎竿粗壮，向上渐细，果皮为长形，花果期5～8月。

※ **自给自足用途**：食用、编造器物。

主要分布地区：热带、亚热带的湖沼地区。
可食用部分：嫩茎叶。
其他用途：香蒲拥有细长形叶片，晒干后可用于编造器物。

[龙舌兰] Agave Americana

龙舌兰属多年生大型草本植物，叶片厚实，四季常青。原产于美洲热带，气候干热的地段，喜排水良好、肥沃而湿润的沙质土壤。

※ **自给自足用途：** 食用、酿酒、饲料。

主要分布地区： 热带内陆地区。

可食用部分： 叶子基部的白色"分生组织"含有丰富淀粉，可以烤制食用；植株中心的"凤梨状"果实经蒸馏发酵，即为墨西哥国酒"龙舌兰酒"。

其他用途： 叶子部分去掉带刺外皮，可喂养牲畜。

[竹子] Bamboo

竹子是生长迅速的禾草类植物，四季常绿，用途多样。原产于中国，是亚洲地区最重要的经济性植物之一。

※ **自给自足用途：** 食用、建造房屋、制作器物。

主要分布地区： 热带、亚热带山林地区。

可食用部分： 春笋和冬笋。春笋是指春季时"长出地面"后的笋；冬笋是指秋冬时"未长出地面"的笋。

其他用途： 竹竿部分广泛用于建造房屋和制作器皿。

[仙人掌果] Opuntia Ficus-indica

仙人掌的果实营养丰富，富含蛋白质、维生素、多糖和果胶。对于促进伤口愈合也有显著作用，拥有食用和药用双重价值。

※ **自给自足用途：** 食用、入药。

主要分布地区： 热带、亚热带内陆地区。

可食用部分： 果实剥掉外皮后，可直接食用。

[松树] Pine

松树品种多、分布广，抗寒、喜光、耐旱，对陆生环境适应性极强，坚固且寿命长久。

※ **自给自足用途：** 食用、建造房屋、制作器物。

主要分布地区： 亚寒带、温带、亚温带山林地区。

可食用部分： 松子（直接食用或炼榨食用油）。

其他用途： 建造房屋、制作家具和日常用品。

Grow Vegetables on the Balcony

阳台种菜，
在家可以实现的自给自足

△ Lilac ｜ edit
△ Ricky ｜ illustration

城市中人，
不能有院有田，
想要实践自给自足，
却并非遥不可及。

一方小小阳台，
也能让自己享受翠枝绿叶、硕果累累的美景。

亲手种植出的蔬果，
味道更与市面购得的全然不同。
想成为一位"阳台农夫"，
可从以下八种最容易上手的蔬果开始。

小葱 | Shallot

种植季节：3～8月
收获季节：全年
适宜温度：10～25℃
需水量：

○ 最适合小葱的播种时间为春、秋两季。小葱喜温暖、湿润环境，要求疏松、肥沃、富含腐殖质的偏酸性土壤。到市场购买新鲜小葱，将葱绿部分切掉做菜吃，留葱根部分和一小段葱白（葱白部分留7厘米），种到泥土中。种时注意留一部分葱白在外面，待其生发新芽即可。也可购买葱种进行播种，在花盆的泥土上以适当间隔挖25毫米深小洞，每个洞内放入5粒葱种，覆上细土后，保持土壤湿润至出芽。

大蒜 | Garlic

种植季节：9月、10月
收获季节：全年
适宜温度：10～25℃
需水量：

○ 大蒜的种植季节为9月和10月，全年均可栽培，但北方冬季需在室内养护。选择健壮、洁白的硬实蒜瓣进行种植，种植前将外皮除去，然后种入浇透水的土中，深度3～4厘米，保持土壤湿润，约1周发芽。注意各个蒜瓣的背面应朝向同一方向，这样发芽后叶片生长方向基本一致。生长期一般盆土表面略干后再浇水，避免浸涝导致腐烂。家庭栽培以食叶为主，一般每采收1次叶片要追施1次腐熟有机肥。如需采收蒜头，待植株叶片大部分自然干枯时将蒜头挖出，在凉爽通风处保存。

生菜 | Lettuce

种植季节：全年
收获季节：全年
适宜温度：15～20℃
需水量：

○ 生菜全年均可种植，春、秋两季最为适宜，生长适温为15～20℃。夏季注意遮阴降温，北方冬天需室内保温。播种前要在土壤中拌入含磷较高的有机肥料，两三天后开始播种。将种子用温水浸泡四五个小时，均匀撒于土壤上，无须覆土，直接浇水，约两三天后可长出绿芽，七八天后可疏苗，每盆保留3～5株健壮幼苗。14天后施肥一次，之后每周少量施肥一次。25天之后生长旺盛，可先食用部分，35～50天后即可采收。

薄荷 | Mint

种植季节：3～5月
收获季节：全年
适宜温度：20～30℃
需水量：

○ 薄荷对环境适应能力较强，能耐低温，生长适宜温度为20～30℃。对土壤的要求不十分严格，以土层深厚、疏松肥沃的土壤为佳。如需播种繁殖，将种子均匀播于土上即可，无须覆盖。播种的温度在20℃左右，需保持土壤湿润，待种子长到五六片真叶时，即可定植。也可用分株法或扦插法繁殖。薄荷为长日照植物，喜阳但不可暴晒，喜潮湿气候。

香菜 | Coriander

种植季节：8月~翌年4月
收获季节：全年
适宜温度：15~20℃
需水量：💧

○ 香菜为浅根系蔬菜，吸收能力弱，对土壤的水分和养分要求均较严格，需保水保肥力强，有机质丰富的土壤。香菜喜冷，生长适温为15~20℃。8月下旬至翌年春季4月上旬都可以随时播种。播种前搓开种子，将种子放入50~55℃热水中，搅拌烫种20分钟，继续浸种18~20小时后播种。覆土1厘米，保持土壤湿润，约一到两周发芽。植株高10厘米以上时，生长速度加快，需及时浇水，但不宜浸涝。

紫苏 | Perilla

种植季节：3~5月
收获季节：全年
适宜温度：18~23℃
需水量：💧

○ 紫苏对土壤、气候要求不严，但应尽量选择阳光充足的地带，用排水良好、疏松肥沃的沙质土壤。紫苏一般为春季播种，适宜的播种温度在20℃左右，若室内温暖则一年四季均可。用花盆种植时，注意需将土壤翻松软，每个花盆里放十几粒种子。播种前浇足水，播种深度为3厘米。紫苏能长到1米左右，在家中种植时注意选择较大花盆。

辣椒 | Chilli

种植季节：3~7月
收获季节：全年
适宜温度：12~25℃
需水量：💧💧

○ 辣椒喜热，春播和初夏播种最为适宜，最佳播期在3~7月。25~30℃时约3~5天发芽。土壤浇透水后，将种子撒播于土面，覆土约1厘米，保持土壤湿润。苗期注意土壤不干则无须浇水。待种子长到8~10片真叶时，选择温暖晴天的下午进行移定栽植。辣椒喜中等强度光照，耐旱不耐涝，忌积水。一般花谢后两三周，辣椒果实充分膨大、成熟即可采收。

秋葵 | Okra

种植季节：4~6月
收获季节：7~10月
适宜温度：20~30℃
需水量：💧💧

○ 秋葵喜温暖，耐热怕寒，不耐霜冻。南北各地多4~6月播种，7~10月收获。将种子用温水浸泡一夜，埋入土中，待其发芽长出6片真叶时，挑选一株最健壮的进行栽培。黄秋葵喜光，要求光照时间长、强度足，肥料需氮磷钾齐全，注意及时摘除侧枝。通常在花开3~5天后，果荚约6~8厘米的时候采摘。适合采摘的时间是早上，采摘时，剪切口要平整，不要用手乱掰乱撕，建议用剪刀剪取。

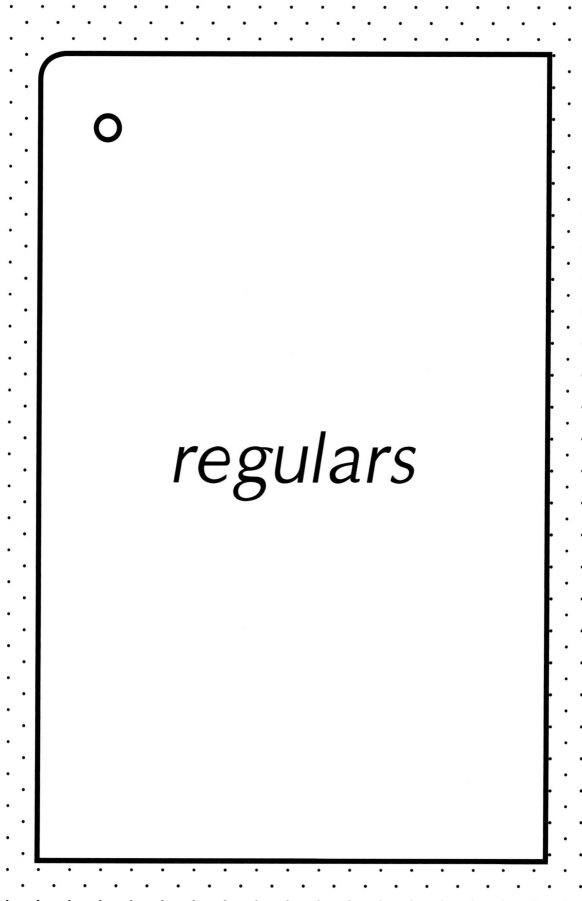

regulars

外公的落叶红薯

吉井忍的食桌 [08]

▷ 吉井忍 [日]
text & photo courtesy

几年前从上海搬家到北京，被不少南方朋友问及："你会不会想念上海啊？北京的冬天太冷了吧?!"其实呢，我很喜欢北京的冬天，一来北京的"供暖"非常彻底，连我们小两口的老公寓也变得暖洋洋的，只穿一件衬衫都行。二来我喜欢糖炒栗子，虽说在南方也能买到栗子，但搬到北京后离产地更近了，南北师傅炒栗子的风格也有所不同。个人感觉，糖炒栗子还是在北方吃比较香。寻常冬日的下午，丈夫还在公司上班，我忙完一些家务、处理好邮件之后，就会出门买菜。从菜市场回家的路上，顺便去干果店买半斤栗子，到家后再简单做一杯牛奶咖啡。在香甜弥漫的暖气屋子里，虽说对丈夫有点儿歉意，但还是非常享受这样独处的黄昏。

北京的冬天我吃栗子多些，在东京的时候，冬天的常见甜点则是红薯。那个品种的红薯不知为何在北京不常见，外皮呈红色，块根白或淡黄。做法两国倒是差不多：蒸、烤、做汤等等。和北京较容易买到的番薯或白薯比起，最大的差别在于水分。烤制之后这点差别最明显，北京的烤红薯非常软糯，带着黄色奶油般的浓郁口味，入口即化；而日本常见的烤红薯比较硬，口感更"粉"，带有一种西点式的香甜味。

小时候到秋天，一家人搭上父亲开的车去看望外公，吸引我的原因之一就是"红薯"。外公的房子后面有一大片菜地，大半用来种红薯了。每逢收获时节，外公就让孙女们来挖几个，感受一下"自然"。红薯收下来后，外婆忙碌着做成"蒸红薯"，父亲帮着外公扫拢周围的落叶，打扫环境的同时，还可以为我们准备烤红薯用的"柴火"。

红薯用铝箔纸包起来，埋在树叶堆里面点火。烧树叶的时候已经是黄昏了，外公平时不怎么说话，只是微笑看着孙女挖红薯，烧树叶的时候也只是蹲着凝视火苗而已。父亲比较善于哄孩子，一会儿和我开玩笑，一会儿抱起妹妹嘱咐不要靠近火光。在秋日的黄昏里，等到树叶烧完，红薯也就熟了。

1	2
	3

1. 父亲的"周末菜园"。土地由农家租给周围住民，父亲平日上班，周末会来打理这片小小的农地。
   📍 日本茨城县·筑波（Tsukuba）

2. 父亲正在收获这一季的红薯。

3. 秋冬季节，日本街头贩卖的"石烧烤红薯"。

正如汉语里形容的"烫手山芋"，因为温度太高，刚烤好的红薯不能马上吃。外公用不知从哪儿捡来的木棍从灰里挑出红薯，先搁在一边。过了一会儿，父亲才戴上手套取过红薯，用报纸包起来递给我。我边剥铝箔边吃刚"出炉"的红薯，香味和蒸汽一起蒸腾出来，让我的食欲和幸福感油然而生。

如今，日本的"环境"没那么宽容了。不管是城市还是乡下，很多地方不让随便烧树叶。一是为了安全，二是周围住户不喜欢烟味。有一次我父亲的"周末菜园"好友在田埂烧树叶，不久就有警察跑过来。原来是菜园周围的人家报了警。看来，现代的小朋友少了一个冬日乐趣了。

不过，在日本买烤红薯还是挺方便的。秋冬之际，很多超市门口出现"石烧烤红薯"的招牌。方形铁箱子里盛满碎石，石头加热后埋进红薯。若你的运气好的话，路上也可以遇到卖红薯的摊子或车子。不过价格有点儿小贵，一个小小的烤红薯差不多要500日元（约合人民币27元）。

外公的"落叶红薯"吃不到了，我就吃红薯饭怀念他吧。今天向大家介绍的红薯饭，很容易上手，吃起来也暖和。就如拙作《四季便当》介绍的，用中国常见的各种红薯都可以做。欢迎大家试一试。

サツマイモの飯

红薯饭

サツマイモの飯

⏱ 60 MIN　　🍴 FEEDS 3~4

食材

大米 300 克
红薯或白薯 250 克

调料

料酒 2 汤匙　　生抽 1 汤匙
盐 少许　　饮用水 适量

做法

STEP [1]　切红薯
红薯洗净，切成 1.5 厘米见方的小块备用。

STEP [2]　准备大米
大米洗净后，加 350 毫升饮用水，另加少许料酒。

STEP [3]
将红薯倒入大米中，放少许生抽和盐调味，用普通的方式煮米饭即可。

小贴士：
煮米饭的水量，可根据不同红薯品种的水分含量稍做调整。

吉井忍的食谱

给两个人做饭

鲜能知味 [07]

△ 张佳玮 | text
△ Ricky | illustration

一个人吃饭时,做点什么无须细想。开冰箱看,有什么做什么,饭都不用煮。

煎个蛋,煮个蛋蘸盐,或做蛋卷;炸土豆条配蛋黄酱,或者花些时间熬了土豆,加些黄油和牛奶,做出土豆泥来(虽然一个人经常吃不完,好吃,但腻);豆腐烫一烫,撒上木鱼花、酱油和葱段就是冷奴,不就饭都能吃饱,吃完了喝两碗茶,肚子都是热的。三文鱼,两面煎到褐红,略点酱油,一刻钟的事。

为两个人做饭时,没那么简单。

如果她在家,还好些。问她:"想吃什么?"

然后便是最怕的回答:"随便!"

为什么怕随便呢?因为之后会发生如下对话。

"那我自己掂量啦?"

"好的。"

(半小时后)

"啊,今天吃这个……"

"怎么了?"

"嗯……没什么……"

于是我一整顿饭都心思不属,觉得哪里似乎没做对。

当然没什么,但对女孩子而言,"好吧,这个吃了也不错"和"心悦诚服狼吞虎咽地吃",是两回事。

所以,"想吃什么?"最美妙的回应是:

"冰箱里有什么?"

报一遍食材名。她思忖一会儿,提出一个主菜的建议。比如,还有鸡,嗯,那来个辣子鸡?大盘鸡?咖喱鸡?比如,还有豆腐,嗯,来个麻婆豆腐?还有牛肉,那么牛肉沙茶粉丝煲?青椒牛肉片?牛肉炖萝卜?

而我还得负责一些其他事。比如，根据食材，考虑来个蚝油生菜，或者炒个空心菜，油淋西蓝花……冰箱里藕片、蘑菇、魔芋、萝卜，这可买了有时日了，一起做了吧。

我试探地问："做个藕片魔芋萝卜汤？用蘑菇调一下味？"

"但是萝卜……听上去有点怪。"

我也不敢硬配。自从某次，为了配菜，做了奇怪的腌三文鱼胡萝卜芹菜馅儿的裹春卷，自己都吃得七荤八素之后，便不大好意思强行做了。

两个人吃饭久了，口味会趋同，但到底也有细微之别。比如，虽然我已经被锻炼到颇能吃辣了，但到底是江浙舌头江浙胃。清淡的、甜的，我能当主菜吃，她吃了也行，就是消夜常得补一顿，"晚饭没吃够劲儿"。所以最为两全其美的法子，是炖汤，另配蘸料。比如，我炖一只老母鸡，只加葱姜酒，别无其他，花一下午慢慢来，她便添一些竹荪、鲍鱼菇。等下了盐，便同时下竹荪与鲍鱼菇，起锅之后，我吃肉喝汤，她另调一碟麻辣酱，蘸鸡肉、竹荪吃。吃咸了，她喝一口汤，"今天的鸡汤炖得很好"。吃淡了，我就要酱料，"我也蘸蘸"，她就把蘸得了的竹荪和缕缕鸡肉给我，"给你蘸好了"。

针对同一道菜的不同口味，最后大概双方会得一个折中。比如，某道菜，我觉得辣得不行了，她觉得还不够味，但最后，总会有一个彼此的默契，知道分寸。有些菜则可以自行其是，比如，鱼香茄子、麻婆豆腐，我下肉臊子时简直恨不能把茄子和豆腐都覆盖了，她也无所谓——最后，她主要吃茄子和豆腐，我扫锅抢肉臊子吃。

女人和男人做菜思维方式也不同。比如，我粗枝大叶些，大概味道意思对就行，其他的交给时间，而且酷爱先做着，临时备菜，交叉进行，比如，做毛血旺，猪血和毛肚下去了，临时找芡粉、临时切葱；比如，捏寿司，等醋饭凉的时候，顺便收拾紫菜。她呢，做一个炒空心菜，也认真切葱蒜姜、调花椒、择菜的长短，在灶台上摆得整整齐齐，色彩缤纷。所以最理想的，莫过于她备菜，我来做。反过来，有些菜就是颠倒，比如片鸭子，她负责烤鸭子、片皮，我蹲在一边儿，边听曲子边蒸春卷皮。

秋凉之后，她课业多，我就多一重算计。得知道她何时回来。比如吧："几点回来呀？""八点。"好。七点把饭焖上，七点半开始预备炒菜。几次后，学乖了，备好菜，等她踏进门来，赶紧下锅炒。大多数炒菜，几勺子的事儿，炒得了上桌，吃个新鲜热辣。

最安全的是炖，下午炖上的牛尾汤、蹄花汤、老鸭萝卜汤，无论你七点八点还是九点回来，都不怕：无非炖烂一点，萝卜炖久了还更入味呢。倒是鸡汤得费思量：巴黎的鸡普遍不耐久炖，四小时开外必然软烂如泥，一撕便下，之后嚼劲就差了。

比较麻烦的，是需要复合加工的玩意。比如鱼香茄子、酸菜鱼这类，要花时间调味、把茄子焖好、把鱼腌上，真做起来又不能耗时间，不然味道不对。如果一句话"我晚回来半小时"，工序就会乱。

菜做多了，也有麻烦。炉灶就那么几个，这里炒着年糕，那里汤滚了，不免缭乱。还得计算着，上桌时都得是热的。所以呢，两个人吃三四个菜，极限了。超过四个，必然有凉菜：拌豆腐丝、三文鱼刺身、寿司手卷、鹅肝，西南产的甜白酒，先给放着，反正搁不凉，之后缓出手来做其他的。逢到这时，便觉出来：咖喱土豆炖鸡这类万能菜，实在是有用：咖喱特别保温，又好吃，炖时间长了也不怕——土豆炖融了，与咖喱粉自然成了酱，很完美——反过来炖得了鸡汤，一凉口味就变，得时刻挂心。

等入了冬，奶油蘑菇火腿汤（用火腿切片，可以免调味）、咖喱鸡、毛血旺这类，做起来会比较省心。一大锅，经吃，又暖和。橄榄油焖蒜蓉虾（我在巴塞罗那学的菜）、金枪鱼刺身这类，相形见少。

汤菜还有个好处，很容易酝酿氛围，仿佛给家里墙壁刷暖色调涂料似的。

比如她一到家，抽抽鼻子：

"一屋子牛尾汤味道！"

然后她就快快活活地调酱料去，我给牛尾汤下盐和枸杞，将肉缕从牛尾骨上刮下来，汤拿来喝，盛饭，吃，开上部什么剧看着。吃完了，我洗锅洗碗，她去对付甜品——夏天水果，冬天西米露——再吃完了，喝餐后酒。

然后坐在沙发上，慢慢地感受消化，房间里还是有牛尾汤味道。她会总结一句：

"好幸福啊！"

窗外有蓝天，屋内有菜园

风味香草煮时蔬 & 自制芝麻酱拌茄子

▷ 野孩子一 text & photo courtesy

前几个月看到纪录片《Chef's Table》里介绍主厨 Dan Barber（丹·巴伯）和他的餐厅，感触良多。他主张并实践着"From-farm-to-table"（从农场到餐桌）的理论，除了追求烹饪技术本身的提升，也越来越重视食物的"本源"。

好料理的基础归根到底是好的食材。如今许多国外"城中热店"以"从农场到餐桌"为卖点，主张自然有机、不过度料理，用食物本身的营养物质给身体从里到外做一次 Spa。当然，价格通常也是不菲的。

小时候，没有现在诸多洋气时髦的词，没有"天然有机"的概念，吃着田间地头刚折的果子，便是莫大的开心事。

暑假去乡下的外婆家，院子里搭着竹架子，瓜藤绕头，垂下一个个油绿的丝瓜。中午摘一个下来，用鸡蛋炒一炒或者烧个汤，就是时令的好味道。外婆家门口种着一棵枣树，到了秋天，我们一帮小伙伴，就会央大人拿一根竹竿打些枣子下来，用衣服擦一擦迫不及待就咬下去。隔壁人家种的枇杷，我也眼馋得不行，还好他们知道旁边有只"小馋猫"，会特意给我留一篮子。

多数人家的厨房窗台上，会用搪瓷盆种些小葱，炒菜时随手掐几棵下来，切碎，香得不得了。也有种小辣椒的人家，只是我们江南地带的人不太能吃辣，比较少见。

多年过去，外婆家的老房子被拆得干净，屋子、大门、枣树、丝瓜藤都已寻不见踪迹。小时候吃的鲜甜多汁的小枇杷，现在则要花不少钱来买了，然而市场中可见的枇杷，经过改良后体形硕大，滋味却寡淡了太多。

幸好当物质极大丰富后，和 Dan Barber 一样的人也逐渐增多。人们意识到，追溯本源、回归大地，用技术引导可持续性农业，同时提倡可持续性饮食，才能让人们吃得更安心、更健康。

而我这样的普通人，平日里会在阳台种一点薄荷、罗勒、百里香、迷迭香、番茄、小葱和小青菜，跟香草蔬菜一起享受蓝天白云，便是在日常生活中实现力所能及的"自给自足"。这里介绍两道用"阳台香草"制作的料理，味道清新，香气浓郁。

Stewed Vegetables and Herbs

风味香草煮时蔬

Stewed Vegetables and Herbs

⏱ 30 MIN　🍴 FEEDS 4

食材

番茄 200 克
萝卜 200 克
胡萝卜 200 克
芋艿 200 克
大蒜 2 瓣
朝天椒 1 个
月桂叶 1 片
新鲜百里香 1 枝
新鲜迷迭香 1 枝
新鲜罗勒叶 5～6 片

调料

高汤 1 杯
橄榄油 少许
盐 少许

做法

STEP [1]

将萝卜、胡萝卜、芋艿去皮切块，芋艿切块后浸泡在水中；大蒜拍碎，朝天椒切丝，番茄切块待用。

STEP [2]

将平底锅加热，放入一大勺橄榄油，将大蒜和朝天椒煸出香味，加入萝卜、胡萝卜、芋艿、番茄煸炒，至番茄开始出汁，倒入高汤，加入半勺盐，煮开。

STEP [3]

放入月桂叶、百里香和迷迭香的叶子，盖上锅盖，小火煮 20 分钟左右。

STEP [4]

根据个人口味放少许盐调味，关火后撒罗勒叶即可。

自制芝麻酱拌茄子

Eggplant Salad with Sesame Sauce

 25 MIN   FEEDS 2

食材
·

茄子 350 克
红葱头或大葱 20 克
新鲜薄荷或罗勒 5~6 片

调料
·

白砂糖 2 大勺
酱油 2 大勺
米醋 1 大勺
米酒 1 大勺
自制芝麻酱 2 大勺
磨碎的芝麻 2 大勺

做法
·

STEP [1]
将茄子去蒂,对半切开,上蒸锅蒸 15 分钟至熟;稍凉几分钟,用手撕成长条,然后稍挤出多余水分;蒸茄子的同时,将红葱头或大葱切丝,薄荷或罗勒切碎。

STEP [2]
将芝麻酱、芝麻、白砂糖、酱油、米醋、米酒混合均匀调成酱汁。

STEP [3]
茄子条装盘,均匀淋上酱汁,任意点缀薄荷或罗勒、红葱头或葱花即可。

自制芝麻酱:

[食材]
生芝麻 100 克 / 芝麻油 20 克
[做法]
将生芝麻洗净沥干水分,放入平底锅小火炒熟后凉凉。倒入料理机中打磨成粉,再加入芝麻油搅拌均匀即可。

食帖 零售名录

▼——— 网站
亚马逊 / 当当网 / 京东 / 文轩网 / 博库网

▼——— 天猫
中信出版社淘宝旗舰店 / 博文书集图书专营店
墨轩文阁图书专营店 / 唐人图书专营店
新经典一力图书专营店 / 新视角图书专营店
新华文轩网络书店

▼——— 北京
三联书店 / Page One 书店 / 单向空间
时尚廊 / 字里行间 / 中信书店 / 万圣书园
王府井书店 / 西单图书大厦 / 中关村图书大厦
亚运村图书大厦

▼——— 上海地区书店
上海书城福州路店 / 上海书城五角场店
上海书城东方店 / 上海书城长宁店
上海新华连锁书店港汇店 / 季风书园上海图书馆店
"物心" K11 店（新天地店）

▼——— 广州
广州方所书店 / 广东联合书店 / 广州购书中心
广东学而优书店 / 新华书店北京路店

▼——— 深圳
深圳西西弗书店 / 深圳中心书城 / 深圳罗湖书城
深圳南山书城

▼——— 江苏
苏州诚品书店 / 南京大众书局 / 南京先锋书店
南京市新华书店 / 凤凰国际书城

▼——— 浙江
杭州晓风书屋 / 杭州庆春路购书中心
杭州解放路购书中心 / 宁波市新华书店

▼——— 河南
三联书店郑州分销店 / 郑州市新华书店
郑州市图书城五环店 / 郑州市英典文化书社

▼——— 广西
南宁西西弗书店 / 南宁书城新华大厦
南宁新华书店五象书城 / 南宁西西弗书店

▼——— 福建
厦门外图书城 / 福州安泰书城

▼——— 山东
青岛书城 / 济南泉城新华书店

▼——— 山西
山西尔雅书店 / 山西新华现代连锁有限公司图书大厦

▼——— 湖北
武汉光谷书城 / 文华书城汉街店

▼——— 湖南
长沙弘道书店

▼——— 天津
天津图书大厦

▼——— 安徽
安徽图书城

▼——— 江西
南昌青苑书店

▼——— 香港
香港绿野仙踪书店

▼——— 云贵川渝
成都方所书店 / 贵州西西弗书店
重庆西西弗书店 / 成都西西弗书店
文轩成都购书中心 / 文轩西南书城 / 重庆书城
重庆精典书店 / 云南新华大厦 / 云南昆明书城
云南昆明新知图书百汇店

▼——— 东北地区
大连市新华购书中心 / 沈阳市新华购书中心
长春市联合图书城 / 新华书店北方图书城
长春市学人书店 / 长春市新华书店
哈尔滨学府书店 / 哈尔滨中央书店
黑龙江省新华书城

▼——— 西北地区
甘肃兰州新华书店西北书城
甘肃兰州纸中城邦书城 / 宁夏银川市新华书店
新疆乌鲁木齐新华书店
新疆新华书店国际图书城

▼——— 机场书店
北京首都国际机场 T3 航站楼中信书店
杭州萧山国际机场中信书店
福州长乐国际机场中信书店
西安咸阳国际机场 T1 航站楼中信书店
福建厦门高崎国际机场中信书店